ICT 建设与运维岗位能力培养丛书

Linux 系统管理与服务器配置（基于 CentOS 8）（微课版）

正月十六工作室 组 编

彭亚发 黄君羡 主 编

黄道金 刘伟聪 蔡君贤 副主编

電子工業出版社

Publishing House of Electronics Industry

北京•BEIJING

内 容 简 介

本书围绕 Linux 运维工程师岗位对 Linux 系统及网络服务管理核心技能的要求，通过引入行业标准和职业岗位标准，以基于 CentOS 平台构建的网络主流技术和主流产品为载体，将 Linux 基础知识和服务架构融入各项目的工作任务中。

本书针对中型和小型网络建设与管理中涉及的技术和技能，是通过精选真实网络建设工程项目案例并加以提炼和虚拟而来的。项目包括部署 CentOS 8 服务器系统、使用 Shell 管理本地文件、管理 CentOS 系统的用户和组、CentOS 8 系统的基础配置、企业内部数据存储与共享、部署企业的 DHCP 服务、部署企业的 DNS 服务、部署企业的 Web 服务、部署企业的 FTP 服务、部署企业的 Squid 服务、部署企业的邮件服务、部署 Linux 服务器防火墙。

本书既可以作为职业院校计算机相关专业和相关培训机构的教学参考用书，也可以供网络技术人员、网络管理和维护人员、网络系统集成人员阅读和使用。

图书在版编目（CIP）数据

Linux 系统管理与服务器配置：基于 CentOS 8：微课版 / 彭亚发， 黄君羡主编. —北京：电子工业出版社，2022.2

ISBN 978-7-121-43012-1

Ⅰ. ①L… Ⅱ. ①彭… ②黄… Ⅲ. ①Linux 操作系统－网络服务器－系统管理－高等职业教育－教材 Ⅳ.①TP316.85

中国版本图书馆 CIP 数据核字（2022）第 031231 号

责任编辑：李　静　　　特约编辑：田学清

印　　刷：三河市良远印务有限公司

装　　订：三河市良远印务有限公司

出版发行：电子工业出版社

北京市海淀区万寿路 173 信箱　　　邮编　100036

开　　本：787×1092　1/16　印张：14.5　字数：365 千字

版　　次：2022 年 2 月第 1 版

印　　次：2023 年 8 月第 5 次印刷

定　　价：45.00 元

凡所购买电子工业出版社图书有缺损问题，请向购买书店调换。若书店售缺，请与本社发行部联系，联系及邮购电话：（010）88254888，88258888。

质量投诉请发邮件至 zlts@phei.com.cn，盗版侵权举报请发邮件至 dbqq@phei.com.cn。

本书咨询联系方式：（010）88254604，lijing@phei.com.cn。

ICT建设与运维岗位能力培养丛书编委会

前　言

“正月十六”工作室集合 IT 厂商、IT 服务商和资深教师组成教材开发团队，聚焦产业发展动态，持续跟进 ICT 岗位需求变化，基于工作过程系统化开发项目化课程和立体化教学资源，旨在打造优秀的网络类岗位能力系列教材，让每个网络人都能快速养成职业能力，持续助力其职业生涯发展。

本书采用读者容易理解的方式，通过场景化的项目案例将理论知识与技术应用密切结合，让技术应用更具画面感，使读者通过标准化业务实施流程来熟悉工作过程，通过项目拓展来进一步巩固读者的业务能力，促进其培养规范的职业行为。本书通过 12 个精心设计的项目让读者逐步地掌握基于 CentOS 8 的 Linux 系统管理与服务器配置的相关知识和技能，成为一名准 Linux 运维工程师。

本书极具职业特征，有如下特色。

1．课证融通、校企双元开发

本书由高校教师和企业工程师联合编撰。书中关于 Linux 服务的相关技术及知识点导入了红帽 Linux 的服务技术标准和红帽 RHCE 认证考核标准；课程项目导入了荔峰科技（广州）有限公司、福建中锐网络股份有限公司等服务商的典型项目案例和标准化业务实施流程；高校教师团队根据职业院校网络专业人才培养要求和教学标准，并结合读者的认知特点，将企业资源进行了教学化改造，形成了工作过程系统化教材，教材内容符合系统管理工程师的岗位技能培养要求。

2．项目贯穿、课产融合

通过递进式场景化项目重构课程序列。本书围绕 Linux 运维工程师岗位对 Linux 服务部署项目实施与管理核心技术和技能的要求，基于工作过程系统化方法，按照 TCP/IP 由低层到高层这一规律，设计了 12 个进阶式项目。将 Linux 系统管理与服务器配置的知识碎片化，并按照项目化方式重构，在每个项目中按需融入相关知识。相对于传统教材，读者通过对进阶式项目的学习，不仅能够掌握 Linux 系统管理与服务器配置的相关知识和技能，还能够了解知识的应用场景和项目实施的业务流程，从而有针对性地培养职业素养，更能够接近 Linux 运维工程师的岗位要求。

通过业务实施流程驱动学习过程。按照企业工程项目的业务实施流程（见图 1）将课程项目分解为若干个工作任务。通过项目描述、项目分析、相关知识为任务做铺垫；项目实施过程由任务规划、任务实施和任务验证构成，符合工程项目的业务实施流程。

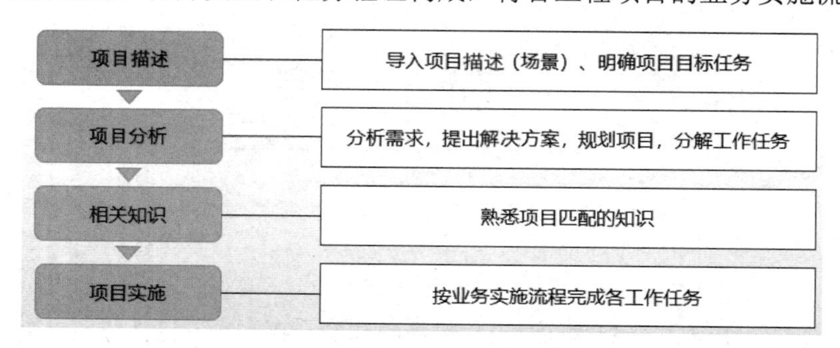

图 1　业务实施流程图

3. 实训项目具有复合性和延续性

考虑真实企业工程项目的复合性，编者精心设计了课程实训项目。实训项目不仅考核与本项目相关的知识、技能和业务实施流程，还涉及前序知识与技能，强化了各阶段知识点和技能点之间的关联，让读者熟悉知识与技能在实际场景中的应用。

本书提供了包括 PPT、微课视频、课程标准、课后习题等在内的配套资源，请对此有需要的读者登录华信教育资源网（http://www.hxedu.com.cn）免费注册后下载。

本书若作为教学用书，则参考课时为 44～78 课时，各项目的参考课时如表 1 所示。

表 1　参考课时分配表

内容模块	课程内容	课时
服务器基础配置	项目 1　部署 CentOS 8 服务器系统	2～4
	项目 2　使用 Shell 管理本地文件	2～4
	项目 3　管理 CentOS 系统的用户和组	2～4
	项目 4　CentOS 8 系统的基础配置	2～4
基础服务部署	项目 5　企业内部数据存储与共享	4～6
	项目 6　部署企业的 DHCP 服务	4～6
	项目 7　部署企业的 DNS 服务	4～6
	项目 8　部署企业的 Web 服务	4～6
	项目 9　部署企业的 FTP 服务	4～6
高级服务部署	项目 10　部署企业的 Squid 服务	4～8
	项目 11　部署企业的邮件服务	4～8
	项目 12　部署 Linux 服务器防火墙	4～8
课程考核	综合项目实训/课程考评	4～8
课时总计		44～78

本书的主编为彭亚发和黄君羡，副主编为黄道金、刘伟聪和蔡君贤。本书参编单位和编者的信息如表 2 所示。

表 2　本书参编单位和编者的信息

参 编 单 位	编　　者
“正月十六”工作室	欧阳绪彬、蔡君贤
福建中锐网络股份有限公司	曾绍基
荔峰科技（广州）有限公司	刘勋
广东交通职业技术学院	彭亚发、黄君羡、刘伟聪
广州市工贸技师学院	黄道金、李文远

本书在编写过程中，参阅了大量的网络技术资料和书籍，特别引用了 IT 服务商的大量项目案例，在此，对这些资料的贡献者表示感谢。

由于编者水平和编写时间所限，书中难免存在疏漏和不足之处，敬请广大读者给予批评指正。

编　者

2021 年 8 月

目　录

项目1　部署 CentOS 8 服务器系统

学习目标

（1）了解 Linux 系统及其企业应用场景。

（2）了解企业如何选择合适的操作系统。

（3）掌握如何安全地获得企业级 CentOS 8 系统。

（4）了解 CentOS 8 系统常用的安装方式。

（5）掌握 CentOS 8 系统的安装过程。

项目描述

随着 Jan16 公司业务的发展，服务器资源日趋紧张，原先租赁的网络系统服务也即将到期。Jan16 公司为保障公司业务更加安全和稳定，拟在公司数据中心机房搭建自己的网络服务平台。为此，Jan16 公司新购置了一批服务器，现在需要为这批服务器安装 CentOS 8 系统。

Jan16 公司数据中心负责人让实习生小锐尽快了解 CentOS 8 系统，并将 CentOS 8 系统安装到新购置的服务器上。

项目分析

CentOS Linux 发行版是一个稳定的、可预测的、可管理的和可复制的平台，该平台源自 RHEL（Red Hat Enterprise Linux，红帽企业 Linux）。小锐需要在开源平台上下载 CentOS 8 系统，并部署到服务器上，具体涉及以下工作任务。

（1）获取 CentOS 8 系统。

（2）安装 CentOS 8 系统。

相关知识

1.1 Linux 系统概述

Linux 系统是一种免费使用和自由传播的类 UNIX 操作系统。因为 UNIX 系统商业化的影响，理查德 • 马修 • 斯托曼（Richard Matthew Stallman）在 20 世纪 80 年代发起了自由软件运动（GNU 运动）。所谓自由软件的自由就是指自由使用、自由学习和修改、自由分发、自由创建衍生版。但是，GNU 在完成了大批软件的开发时才意识到遇到了大麻烦——GNU 系统内核项目迟迟不能令人满意。直到 1991 年，林纳斯 •本纳第克特 •托瓦兹（Linus Benedict Torvalds）带着他的 Linux 出现，给 GNU 运动画上了一个完美的句号。就这样，由 Linux 提供内核（kernel），由 GNU 提供外围软件的 GNU/Linux 操作系统诞生了。

Linux 系统发展至今，存在着许多不同的版本，但是它们都使用了 Linux 内核。Linux 系统可以安装在各种计算机硬件设备中，如手机、平板电脑、路由器、视频游戏控制台、台式计算机、大型机和超级计算机等。

严格来讲，Linux 操作系统指的是“Linux 内核+各种软件”的集合，Linux 这个词只表示 Linux 内核，但是实际上人们已经习惯了用 Linux 来形容整个基于 Linux 内核，并且使用 GNU 工程中的各种工具和数据库的操作系统。

1.2 Linux 内核版本

Linux 内核版本的命名由 5 部分组成，即主版本号、次版本号、末版本号、打包版本号和厂商版本，如图 1-1 所示。

图 1-1 Linux 内核版本的命名

1.3 Linux 发行版本

Linux 主要作为 Linux 发行版（通常被称为“distro”）的一部分而使用。这些发行版由个人、松散组织的团队，以及商业机构和志愿者组织编写。它们通常包括了其他的系统软件和应用软件，以及一款用来简化系统初始安装的安装工具和一款让软件安装升级的集成管理器。

一款典型的 Linux 发行版包括 Linux 内核、一些 GNU 程序库和工具、命令行 Shell，以及图形界面的 X Window 系统和相应的桌面环境，如 KDE 或 GNOME，并包含数千种从办公套件、编译器、文本编辑器等到科学工具的应用软件。

图 1-2 所示为一些常见的 Linux 发行版本。其中，国内企业普遍采用 CentOS 发行版，其次是 Ubuntu 发行版。

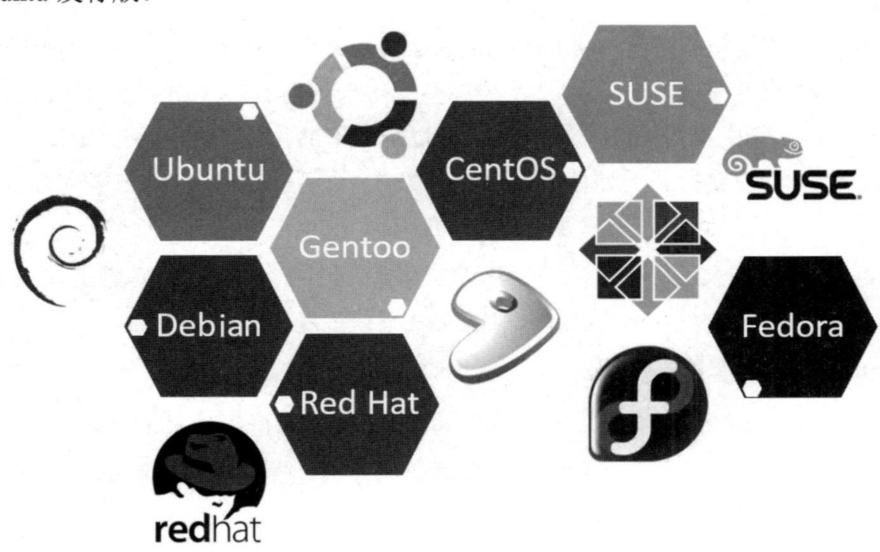

图 1-2 一些常见的 Linux 发行版本

（1）Red Hat：Red Hat Enterprise Linux，即红帽企业 Linux，是 Red Hat 公司发布的面向企业用户的 Linux 操作系统。Red Hat Linux 是现今著名的 Linux 发行版本之一，不仅创造了自己的品牌，而且有越来越多的人开始使用它。

（2）CentOS：Community Enterprise Operating System，即社区企业操作系统，是由 Red Hat Enterprise Linux 依照开放源代码规定释出的源代码所编译而成的 Linux 操作系统。

（3）Fedora：Fedora 作为一款开放的、创新的、具有前瞻性的操作系统和平台，允许任何人自由地使用、修改和重新发布。

（4）Mandrake：Mandrake 的目标是让工作尽量变得简单，Mandrake 的安装非常简单明了，并为初级用户设置了简单的安装选项，完全采用 GUI 界面。

（5）Debian：Debian 诞生于 1993 年 8 月 13 日，它的目标是提供一个稳定、容错的 Linux 版本。Debian 以稳定性著称，虽然早期版本 Slink 存在小问题，但是现有版本 Potato 已经相当稳定。

（6）Ubuntu：Ubuntu 是一款以桌面应用为主的 Linux 系统。Ubuntu 基于 Debian 发行版本和 GNOME 桌面环境，从 11.04 版本起，Ubuntu 发行版的桌面环境改为 Unity。Ubuntu 每 6 个月会发布一个新版本，其目标是为一般用户提供一款最新的、相当稳定的、主要由自由软件构成的操作系统。

1.4 CentOS 系统简介

CentOS 系统是一款基于 Red Hat Enterprise Linux 提供的可自由使用的源代码的企业级 Linux 发行版。每个版本的 CentOS 系统都会获得十年的支持（通过安全更新方式）。新版本的 CentOS 系统大约每两年发行一次，而每个版本的 CentOS 系统会定期（大概每六个月）更新一次，以便支持新的硬件。CentOS 系统的目标是通过这样的方式来建立一个安全、低维护、稳定、高预测性和高重复性的 Linux 环境。

CentOS 系统是 RHEL 源代码再编译的产物，而且在 RHEL 的基础上修正了不少已知的 Bug。相对于其他的 Linux 发行版，CentOS 系统的稳定性值得信赖。

CentOS 系统具有以下特点：

（1）CentOS 系统完全免费，不存在 Red Hat Linux 需要序列号的问题。

（2）CentOS 系统具有的 yum 命令支持在线升级，可以即时更新系统，不像 Red Hat Linux 还需要付费购买支持服务。

（3）CentOS 系统具有稳定的运行环境。

（4）CentOS 系统在大规模的系统下也能发挥稳定的性能。

项目实施

任务 1-1　安装 CentOS 8 系统

任务规划

Jan16 公司安装的 CentOS 8 版本提供了完整的 CentOS 8 系统功能，经核查，Jan16 公司新购置的服务器完全能满足 CentOS 8 系统对硬件的要求。新购置的服务器还未安装操作系统，因此，小锐需要使用 CentOS 8 系统的安装光盘，将 CentOS 8 系统安装到服务器上，具体涉及以下步骤。

（1）设置 BIOS，让服务器从安装光盘引导启动。

（2）根据系统安装向导提示安装 CentOS 8 系统。

（3）创建普通用户 Jan16 并登录测试。

任务实施

1．设置 BIOS，让服务器从安装光盘引导启动

（1）启动服务器，进行 BIOS 设置，更改服务器的启动顺序，设置第一启动驱动器为光驱，保存设置，然后重启服务器，如图 1-3 所示。

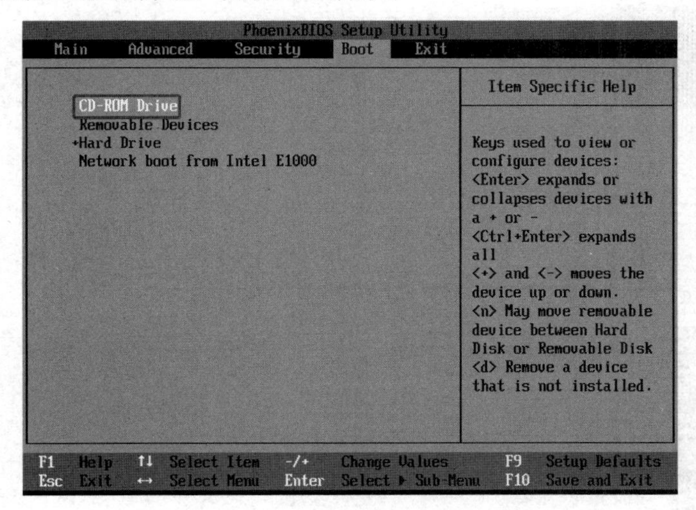

图 1-3　设置 BIOS

2．根据系统安装向导提示安装 CentOS 8 系统

（1）在重启服务器后，将 CentOS 8 系统的安装光盘放到光驱中，系统会自动加载如图 1-4 所示的安装程序，选择“Install CentOS Linux 8”选项。

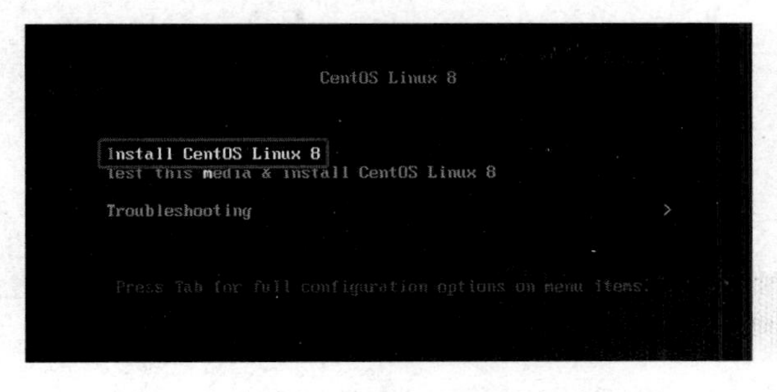

图 1-4　CentOS 8 系统安装程序视图界面

（2）选择所使用的语言，然后单击“Continue（继续）”按钮，如图 1-5 所示。在一般情况下，安装程序的默认语言选择“English”选项。

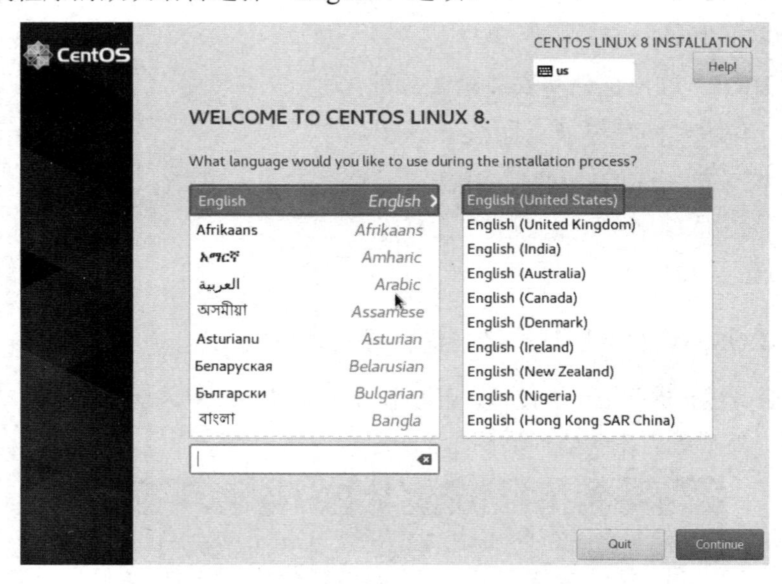

图 1-5　选择语言

（3）接下来，需要配置的内容有“Keyboard”（键盘布局）、“Time & Date”（日期和时间）、“Installation Source”（安装来源）、“Software Selection”（软件选择）、“Installation Destination”（安装目标）和“KDUMP”等，如图 1-6 所示。

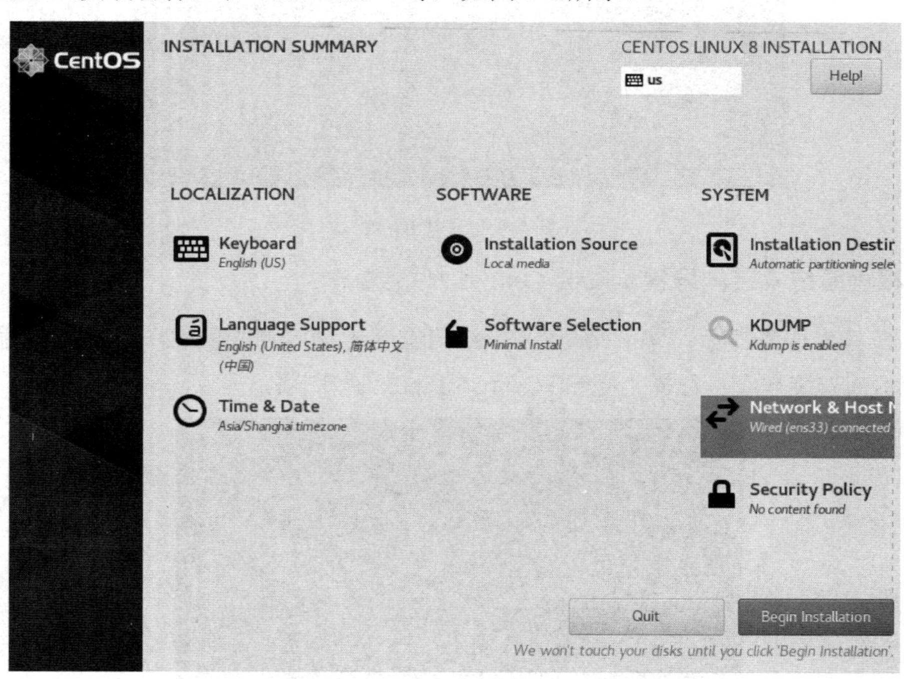

图 1-6　“INSTALLATION SUMMARY”（安装摘要）界面

（4）在如图1-6所示的“INSTALLATION SUMMARY”（安装摘要）界面中，安装向导已经自动配置了“Keyboard”（键盘布局）、“Time & Date”（日期和时间）、“Installation Source”（安装来源）和“Software Selection”（软件选择）等，如果想要修改以上设置，则只需要单击对应的按钮即可。例如，如果想要修改系统的日期和时间，则只需要单击“Time & Date（日期和时间）”按钮，选择正确的时区，然后单击“Done”（完成）按钮即可，如图1-7所示。

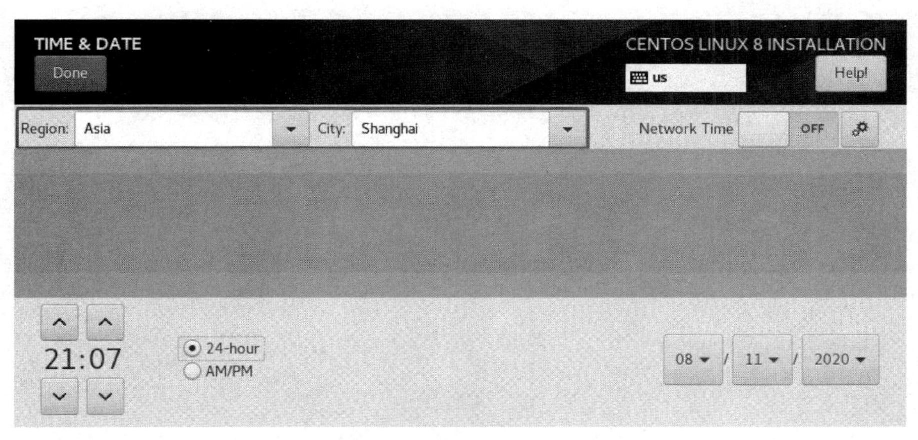

图1-7 “Time & Date”（日期和时间）界面

（5）在“SOFTWARE SELECTION”（软件选择）界面中选择安装模式，选中“Minimal Install”单选按钮，然后单击“Done”（完成）按钮即可，如图1-8所示。

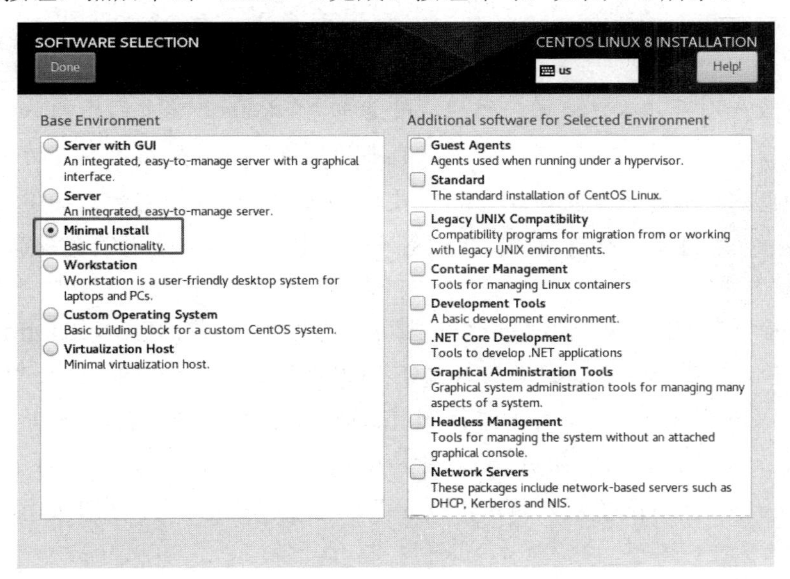

图1-8 “SOFTWARE SELECTION”（软件选择）界面

（6）在“KDUMP”界面中，保持默认设置即可，如图 1-9 所示。

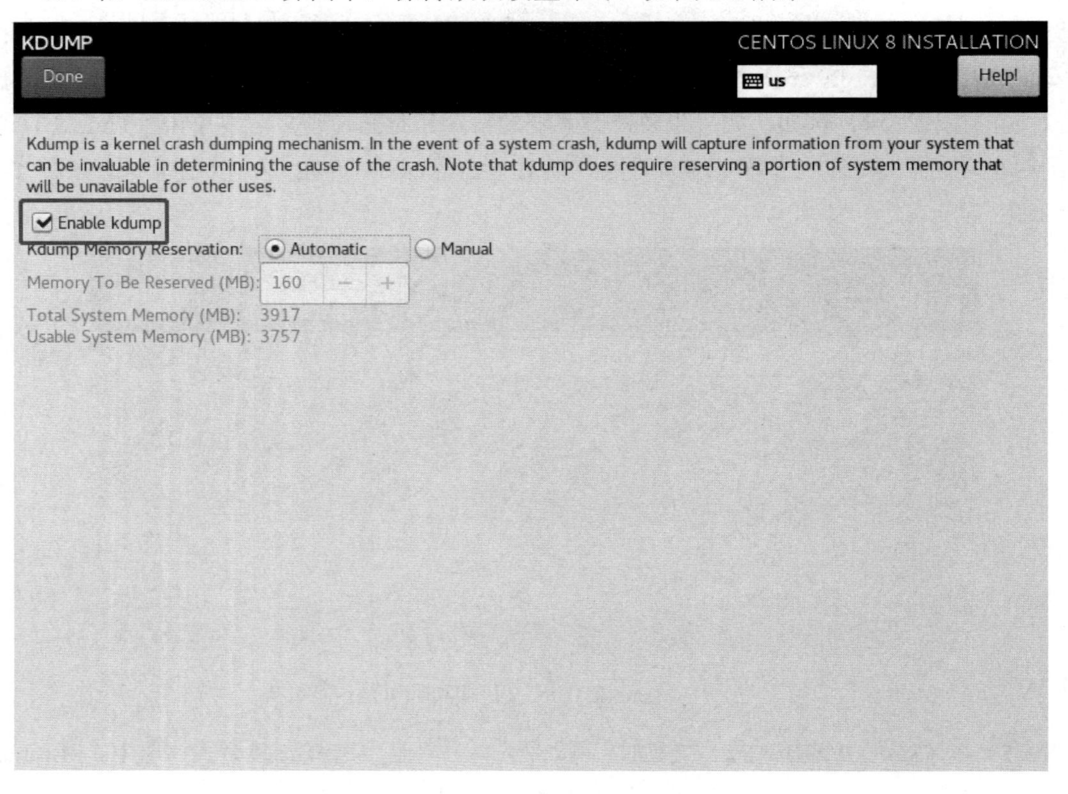

图 1-9 “KDUMP”界面

> kdump 是一种基于 kexec 的内核崩溃转储机制。kdump 需要两个内核，分别是生产内核和捕获内核，生产内核是捕获内核服务的对象，并且保留了内存的一部分给捕获内核启动使用。当系统崩溃时，kdump 使用 kexec 启动捕获内核，捕获内核会与相应的 ramdisk 一起组建一个微环境，用以对生产内核下的内存进行收集和转存。

（7）如果想要在安装过程中配置网络，则可以在“INSTALLATION SUMMARY”（安装摘要）界面中单击“NETWORK & HOST NAME”（网络和主机名）按钮，进入“NETWORK & HOST NAME”（网络和主机名）界面进行配置。例如，如果想要配置静态 IP 地址，则可以单击“Configure”（配置）按钮并指定 IP 地址的相关信息；还可以将主机名设置为 centos8.Jan16.cn。在完成配置后，单击“Done”（完成）按钮即可，结果如图 1-10 所示。

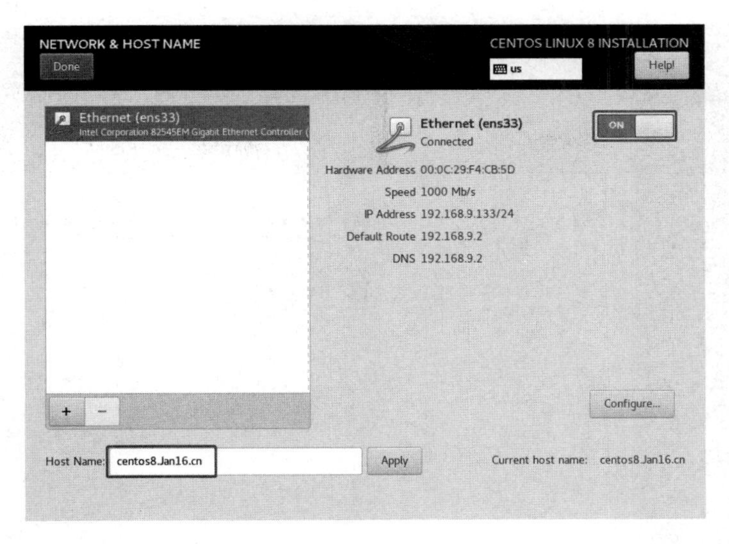

图 1-10 “NETWORK & HOST NAME”（网络和主机名）界面

（8）如果想要选择 CentOS 8 系统将要被安装到的磁盘和相关的分区方式，则可以在“INSTALLATION SUMMARY”（安装摘要）界面中单击“Installation Destination”（安装目标位置）按钮，进入“INSTALLATION DESTINATION”（安装目标位置）界面进行配置。例如，在“Local Standard Disks”（本地标准磁盘）选区中勾选磁盘，在“Storage Configuration”（存储配置）选区中选中“Automatic”（自动）单选按钮。在完成配置后，单击“Done”（完成）按钮即可，结果如图 1-11 所示。

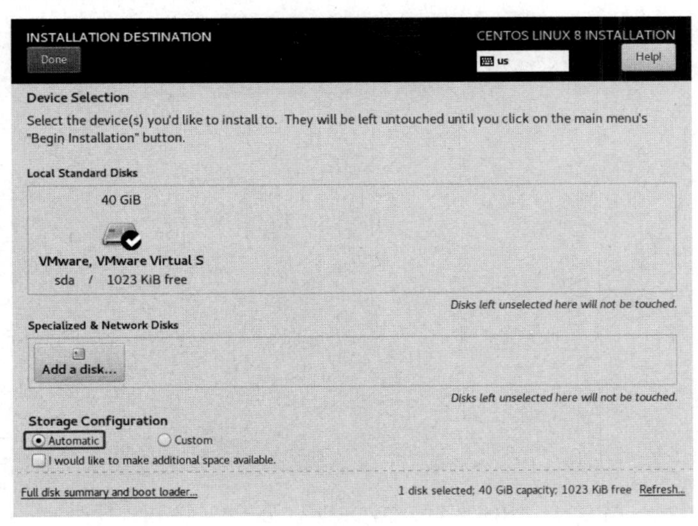

图 1-11 “INSTALLATION DESTINATION”（安装目标位置）界面

（9）在完成上面的配置后，返回原先的“INSTALLATION SUMMARY”（安装摘要）界面，单击“Begin Installation”（开始安装）按钮，即可开始安装 CentOS 8 系统，如图 1-12 所示。

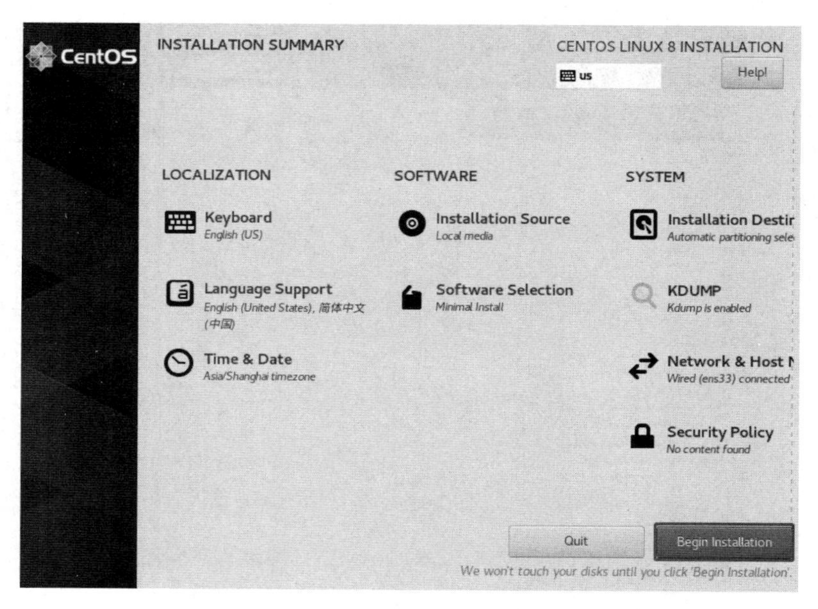

图 1-12　返回“INSTALLATION SUMMARY”（安装摘要）界面

（10）CentOS 8 系统正在安装时，“Root Password”和“User Creation”两个选项代表了需要配置 root 用户密码和创建用户，将 root 用户密码设置为 1qaz@WSX，如图 1-13 所示。

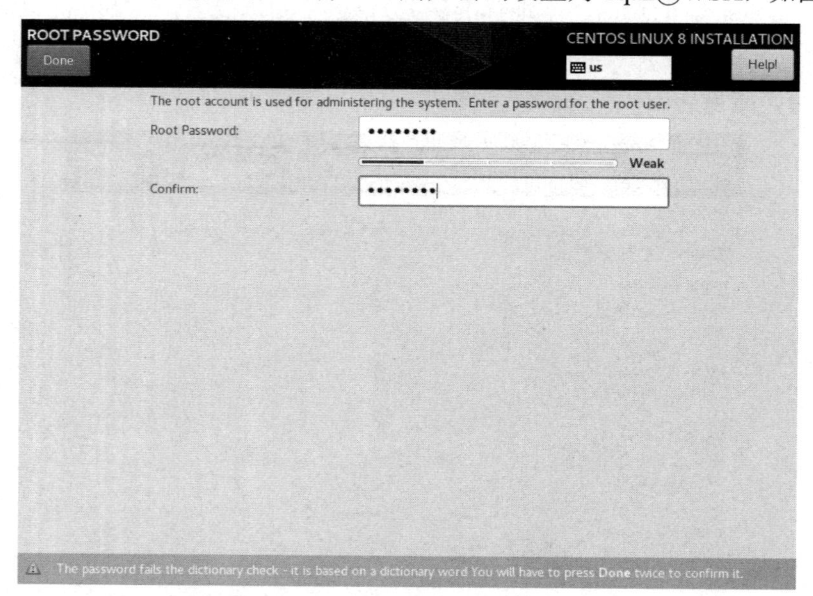

图 1-13　“ROOT PASSWORD”（root 用户密码）界面

（11）在 CentOS 8 系统安装完成后，系统提示需要重启系统，单击“Reboot”（重启）按钮即可，如图 1-14 所示。

CentOS
CONFIGURATION
CENTOS LINUX 8 INSTALLATION
us
Help!
USER SETTINGS
Root Password
Root password is set
User Creation
No user will be created
Complete!
CentOS Linux is now successfully installed and ready for you to use!
Go ahead and reboot to start using it!
Reboot

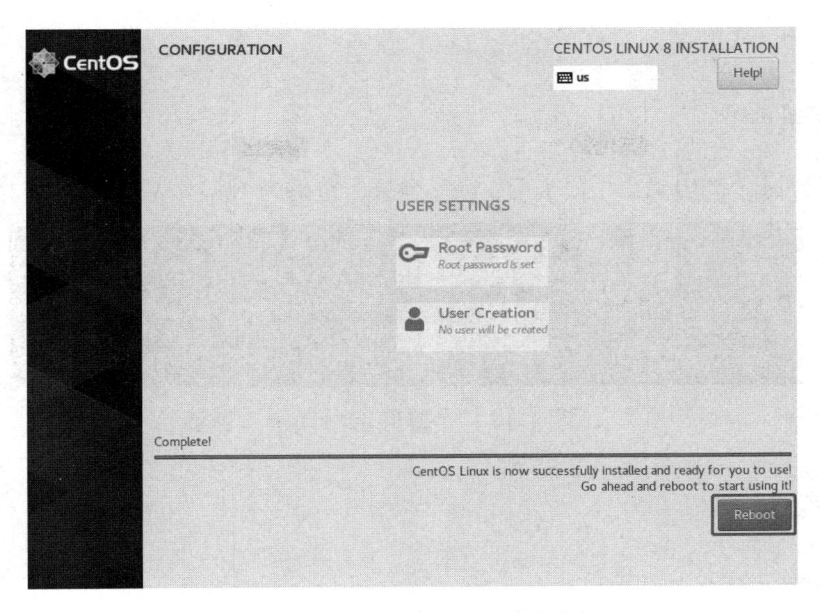

图 1-14　系统安装完成后需要重启

（12）在系统重启完成后，把安装介质断开，并将 BIOS 的启动介质设置为硬盘，在 GRUB 引导菜单中，选择 CentOS 8 启动，如图 1-15 所示。

CentOS Linux (4.18.0-147.el8.x86_64) 8 (Core)
Use the ↑ and ↓ keys to change the selection.
Press 'e' to edit the selected item, or 'c' for a command prompt.

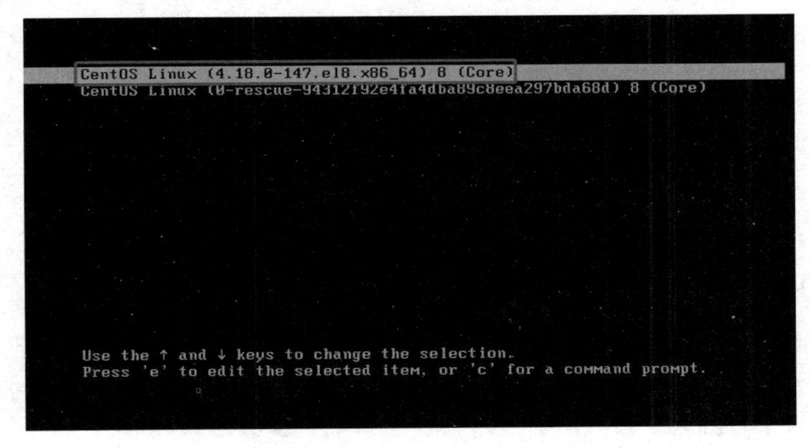

图 1-15　“选择 CentOS 8 启动”界面

（13）登录系统时，使用用户账户 root 进行登录，密码为 1qaz@WSX。然后创建用户账户 Jan16，密码为 1qaz@WSX，用于后续管理和维护使用，如图 1-16 所示。

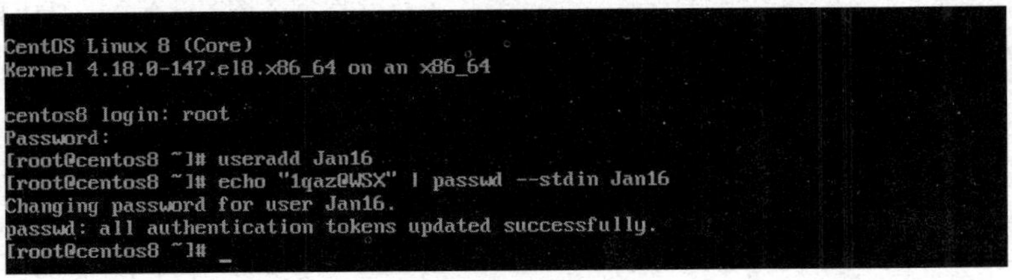

CentOS Linux 8 (Core)
Kernel 4.18.0-147.el8.x86_64 on an x86_64
centos8 login: root
Password:
[root@centos8 ~]# useradd Jan16
[root@centos8 ~]# echo "1qaz@WSX" | passwd --stdin Jan16
Changing password for user Jan16.
passwd: all authentication tokens updated successfully.
[root@centos8 ~]# _

图 1-16　“创建普通用户”界面

任务验证

登录系统时，使用用户账户 Jan16 进行登录，密码为 1qaz@WSX，如图 1-17 所示。

```
CentOS Linux 8 (Core)
Kernel 4.18.0-147.el8.x86_64 on an x86_64

centos8 login: Jan16
Password:
Last login: Tue Aug 11 21:46:49 on tty1
[Jan16@centos8 ~]$
```

图 1-17 “普通用户登录”界面

练习与实践

一、理论习题

1．Linux 之父是_____。

A．Kenneth Lane Thompson　　B．Linus Benedict Torvalds

C．Dennis MacAlistair Ritchie　　D．Richard Matthew Stallman

2．Linux 内核版本的命名组成部分包含________。

A．主版本号　　B．次版本号

C．打包版本号　　D．厂商版本

3．Linux 的发行版有_______。

A．Debian　　B．Fedora

C．Red Hat　　D．CentOS

4．Linux 为输出提供显示并为 Shell 会话输入提供键盘的界面称为______。

A．命令提示符　　B．物理控制台

C．虚拟控制台　　D．终端

二、项目实训题

1．项目描述

实习生小锐通过本项目中的任务已经熟悉了 CentOS 8 系统的安装，Jan16 公司数据中心负责人希望他尽快将另外一台服务器也完成 CentOS 8 系统的安装。

2．项目要求

（1）下载 CentOS 8 系统镜像。

（2）校验 CentOS 8 系统镜像。

（3）安装的系统版本为 CentOS 8，在安装完成后，截取系统信息界面。

（4）系统磁盘空间大小为 100GB，在安装完成后，截取磁盘管理系统界面。

（5）计算机名为 Jan16-y（y 为学号），在安装完成后，截取系统信息界面。

（6）root 用户密码为 1qaz@WSX，在安装完成后，截取用户账户 root 的属性信息界面。

项目2　使用Shell管理本地文件

学习目标

（1）掌握Linux系统中命令行的使用方法。

（2）掌握Linux系统中的目录结构。

（3）掌握Linux系统中常用命令的用法。

（4）掌握Linux系统中命令行下的vim编辑器。

项目描述

随着Jan16公司业务的发展，服务器资源日趋紧张，原先租赁的网络系统服务也即将到期。Jan16公司为保障公司业务更加安全和稳定，拟在公司数据中心机房搭建自己的网络服务平台。为此，Jan16公司新购置了一批服务器，这些服务器均已经安装了CentOS 8系统。

Jan16公司希望搭建自己的DNS服务、DHCP服务、FTP服务和Web服务等。Jan16公司数据中心负责人让实习生小锐尽快了解和掌握CentOS 8系统的基础管理操作，为后续服务搭建做好准备。

项目分析

CentOS Linux发行版是一个稳定的、可预测的、可管理的和可复制的平台，该平台源自RHEL。小锐需要尽快掌握CentOS 8系统中Shell、bash、目录结构、文件系统和vim编辑器等的基础管理操作。

相关知识

2.1 Shell

Linux（或UNIX）Shell也被称为命令行界面，它是Linux/UNIX操作系统下传统的用户与计算机交互界面，用户可以直接输入命令来执行各种各样的任务。Linux系统中的Shell作为操作系统的外壳，为用户提供使用操作系统的接口。它是命令语言、命令解释程序及程序设计语言的统称。

Linux系统中有多种Shell，如sh、csh、ksh、tcsh和zsh等，其中默认使用的Shell是bash。系统默认支持的Shell均保存在/etc/shells目录中，它允许用户根据业务需求来调用不同的Shell。例如，选择/sbin/nologin可以禁止用户登录操作。

2.2 bash

GNU Bourne-Again Shell（bash）是GNU计划中重要的工具软件之一，目前也是Linux系统中标准的Shell，与sh兼容。CentOS系统默认使用的Shell是bash。

2.2.1 命令提示符

查看当前的命令提示符，格式如下：

```
[root@c81 ~]# echo $PS1
[\u@\h \W]\$
```

修改命令提示符的格式和命令提示符的颜色，格式如下：

```
PS1="\[\e[1;5;41;33m\][\u@\h \W]\\$\[\e[0m\]"
```

用于设置命令提示符格式和颜色的常用数字如下所述。

1～8：设置字体属性。其中，1：高亮，4：下划线，5：闪烁，7：反显，8：消隐。

31～37：设置字体颜色。

41～47：设置背景色。

当然，还可以通过很多特殊符号来控制和修改命令提示符的显示样式，如追加系统时间、bash版本信息等。格式如下：

```
PS1="\[\e[1;32m\][\[\e[0m\]\t\[\e[1;33m\]\u\[\e[36m\]@\h\[\e[1;31m\]\W\[\e[1;32m\]]\
[\e[0m\]\\$"
```

用于设置命令提示符显示样式的常用特殊符号如下所述。

\e 控制符\033	\u 当前用户
\h 主机名简称	\H 主机名
\w 当前工作目录	\W 当前工作目录基名
\t 24 小时时间格式	\T 12 小时时间格式
\! 命令历史数	\# 开机后命令历史数

2.2.2 命令的格式

（1）命令提示符下面输入的命令由 3 部分组成，即命令、选项和参数，格式如下：

```
命令         选项           参数
Command    [-options]    [parameter1] [parameter2] ...
```

- 命令：可执行文件。
- 选项：用于启用或关闭命令的某个或某些功能。
- 参数：命令的作用对象，如文件名、用户名等。

示例如下：

```
[root@c81 ~]# ls -l --size -r /boot
```

其中，-l、-r 是短选项，--size 是长选项，/boot 是命令执行的参数。

（2）在 Shell 中可执行的命令有两类：内部命令和外部命令。

① 内部命令：由 Shell 自带的命令，而且通过某命令形式提供。

- help：获取内部命令列表。
- enable cmd：启用内部命令。
- enable -n cmd：禁用内部命令。
- enable -n：查看所有禁用的内部命令。

②外部命令：在文件系统路径下有对应的可执行程序文件。查看文件系统路径的格式如下：

```
which -a ; which --skip-alias ;  whereis
```

示例如下：

```
[root@c81 ~]# which -a ls
alias ls='ls --color=auto'
    /usr/bin/ls
[root@c81 ~]# which --skip-alias ls
/usr/bin/ls

[root@c81 ~]# whereis ls
ls: /usr/bin/ls /usr/share/man/man1/ls.1.gz
```

查看指定的命令是内部命令还是外部命令，格式如下：

```
type [-a] COMMAND
```

示例如下：

```
[root@c81 ~]# type -a cd
cd is a shell builtin
cd is /usr/bin/cd
```

（3）hash 缓存表。

系统初始 hash 缓存表为空，当执行外部命令时，默认会从 PATH 路径下寻找该命令，在找到后会将这条命令的路径记录到 hash 缓存表中。当再次使用该命令时，Shell 解释器首先会查看 hash 缓存表，如果存在，则将执行该命令；如果不存在，则将会在 PATH 路径下寻找。利用 hash 缓存表可以大大提高命令的调用效率。

hash 命令的常见用法如下所述。

- hash：显示 hash 缓存表。
- hash-l：显示 hash 缓存表的详细信息，可以作为输入使用。
- hash-p path name：将命令全路径 path 起别名为 name。
- hash-t name：打印缓存中 name 的路径。
- hash-d name：清除 name 缓存。
- hash-r：清除所有缓存。

示例如下：

```
[root@c81 ~]# hash
hits command
   1    /usr/bin/whereis
   1    /usr/bin/ls

[root@c81 ~]# hash -l
builtin hash -p /usr/bin/whereis whereis
builtin hash -p /usr/bin/ls ls
```

查看 PATH 路径的示例如下：

```
[root@c81 ~]# echo $PATH
/usr/local/sbin:/usr/local/bin:/usr/sbin:/usr/bin:/root/bin
```

2.2.3 Tab 键补全功能

Tab 键补全功能允许用户在命令提示符下键入足够的内容以使其唯一后快速补全命令或文件名。

1．命令补全

- 内部命令：bash 自带的命令。
- 外部命令：bash 根据 PATH 环境变量定义的路径，自左向右在每个路径搜寻以给定命令名命名的文件，第一次找到的命令即要执行的命令。

如果用户给定的字符串只有一条唯一对应的命令，则直接补全；否则，再次按下 Tab 键会给出列表。

许多命令可以通过 Tab 键补全功能来匹配参数和选项，只是需要安装 bash-completion 软件包。

示例如下：

```
[root@c81 ~]# pas<Tab><Tab>
passwd  paste
[root@c81 ~]# pass<Tab>
[root@c81 ~]# pass wd
```

2．路径补全

把用户给出的字符串当作路径开头，并在其指定上级目录下搜索以指定的字符串开头的文件名。

如果唯一，则直接补全；否则，再次按下 Tab 键会给出列表。

示例如下：

```
[root@c81 ~]# ls /etc/sysconfig/network-<Tab>/<Tab>
[root@c81 ~]# ls /etc/sysconfig/network-scripts/ifcfg-eth0
```

2.2.4 命令历史

history 命令用来保存输入的命令历史，可以用它来重复执行命令。当登录 Shell 时，会读取命令历史文件（默认是~/.bash_history 文件）中记录下的命令；在登录 Shell 后，新执行的命令只会记录在缓存中；这些命令会在用户退出时“追加”到命令历史文件中。命令历史快捷键及功能如表 2-1 所示。

表 2-1 命令历史快捷键及功能

快 捷 键	功 能
Ctrl＋p，up（向上）	显示当前命令历史中的上一条命令，但是不执行
Ctrl＋n，down（向下）	显示当前命令历史中的下一条命令，但是不执行
!string	重复前一个以“string”开头的命令
Esc，.（在按下 Esc 键后松开，然后按下 . 键）	重新调用前一个命令中的最后一个参数

history 命令的格式如下：

```
history [-c] [-d offset] [n]
history -anrw [filename]
history -ps arg [arg...]
```

history 命令的部分选项和参数的解析如下。

- -c：清空命令历史。
- -d offset：删除命令历史中指定的第 offset 个命令。

- n：显示最近的 *n* 条命令历史。
- -a：追加本次会话新执行的命令历史列表到命令历史文件中。
- -r：读取命令历史文件附加到命令历史列表中。
- -w：保存命令历史列表到指定的命令历史文件中。
- -n：读取命令历史文件中未读过的行到命令历史列表中。

示例如下：

```
[root@c81 ~]# history 3
echo $PATH
ls /etc/sysconfig/network-scripts/ifcfg-eth0
history 3
```

命令历史的相关环境变量如下所述。

- HISTSIZE：命令历史记录的条数。
- HISTFILE：指定命令历史文件，默认为~/.bash_history 文件。
- HISTFILESIZE：命令历史文件记录命令历史的条数。
- HISTTIMEFORMAT="%F %T"：显示时间。
- HISTIGNORE="str1:str2*:..."：忽略以“str1”和“str2”开头的命令历史。

在 Linux 中，环境变量 HISTCONTROL 可以控制命令历史的记录方式。环境变量 HISTCONTROL 的选项如下所述。

- ignoredups：默认，忽略重复的命令，连续且相同为“重复”。
- ignorespace：忽略所有以空格开头的命令。
- ignoreboth：相当于 ignoredups 和 ignorespace 的组合。
- erasedups：删除重复的命令。

示例如下：

```
[root@c81 ~]# echo $HISTCONTROL
ignoredups
```

2.2.5 命令别名

对于一些较长且又经常使用的命令，可以使用命令别名的方式进行定义，以减少反复较长的输入。使用 alias 命令可以显示和定义命令别名，而使用 unalias 命令则可以取消命令别名。除非将命令别名的定义写到配置文件中，否则命令别名只在当前会话中有效。

定义命令别名 NAME，其相当于执行命令 VALUE，格式如下：

```
alias NAME='VALUE'
```

在命令行中定义的命令别名，仅对当前 Shell 进程有效。如果想要使该命令别名永久有效，则需要在配置文件中定义该命令别名，方式如下所述。

- 仅对当前用户有效：编辑修改~/.bashrc 文件。

- 对所有用户有效：编辑修改/etc/bashrc 文件。

在编辑修改配置文件后，新的配置文件不会立即生效，需要 bash 进程重新读取新的配置文件。示例如下：

```
source /path/to/config_file
. /path/to/config_file
```

使用 unalias 命令可以取消命令别名，格式如下：

```
unalias [-a] name [name ...]
```

其中，-a 表示取消所有命令别名。

命令生效的优先级：alias>内部命令>hash 缓存表>$PATH>命令找不到。

如果命令别名与原命令同名，则当想要执行原命令时，可以使用如下命令。

- \ALIASNAME
- "ALIASNAME"
- 'ALIASNAME'
- command ALIASNAME
- /path/command

2.2.6 bash 快捷键

在 bash 中有很多快捷键，熟练掌握快捷键的使用能有效提高工作效率。常用的 bash 快捷键及功能如表 2-2 所示。

表 2-2 常用的 bash 快捷键及功能

快 捷 键	功 能
Ctrl + l	清屏，相当于 clear 命令
Ctrl + s	阻止屏幕输出，锁定
Ctrl + q	允许屏幕输出
Ctrl + c	终止命令
Ctrl + z	挂起命令
Ctrl + a	光标移到命令行首，相当于 Home 键
Ctrl + e	光标移到命令行尾，相当于 End 键
Ctrl + u	从光标处删除到命令行首
Ctrl + k	从光标处删除到命令行尾
Ctrl + w	从光标处向左删除到单词首
Ctrl + t	交换光标处和之前的字符位置

2.2.7 获得命令的帮助

只了解命令单一的作用是不够的，为了有效地使用命令，还需要了解每个命令可以接受哪些选项和参数，以及如何排列这些选项和参数（即命令的语法）。

获取帮助的命令或方式如下所述。

- help COMMAND 或 man bash（适用于内部命令）。
- whatis COMMAND。
- COMMAND --help 或 COMMAND -h（适用于外部命令）。
- man COMMAND（使用帮助文档）。
- info COMMAND（使用信息页）。
- 使用程序自身的帮助文档（在/usr/share/doc/目录下，如 README、INSTALL、ChangeLog 等文件）。
- 使用程序的官方文档（官方站点：Documentation）。
- 使用发行版的官方文档。
- 使用其他网站或搜索引擎（如 Google）。

1. whatis 命令

whatis 命令用于显示命令的简短描述，并使用数据库存储检索信息。系统刚安装后，由于数据库未建立，因此不可以立即使用，需要使用 makewhatis 或 mandb 命令来生成数据库。whatis 命令等同于 man -f 命令。示例如下：

```
[root@c81 ~]# whatis cal
cal (1)          - display a calendar
[root@c81 ~]# man -f cal
cal (1)          - display a calendar
```

2. --help 或-h 选项

大多数外部命令都有--help 或-h 的帮助选项，该选项会在终端输出简洁的帮助信息。示例如下：

```
date --help
  Usage: date [OPTION]... [+FORMAT]
  or: date [-u|--utc|--universal] [MMDDhhmm[[CC]YY][.ss]]
```

在上述示例中，输出的帮助信息中的选项解析如下。

- []：表示可选项。
- CAPS 或 <> ：表示变化的数据。
- ...：表示一个列表。
- x|y|z：表示 x 或 y 或 z。
- -abc：表示-a -b -c。
- { }：表示分组。

3. man 命令

man page 源自过去的《Linux 程序员手册》，该手册的篇幅很长，足以打印成多本书册，手册页存放在/usr/share/man 中。基本上每个 Linux 命令都有 man“页面”，man 页面分组为不同的“章节”，统称为 Linux 手册。

（1）man 命令的配置文件为/etc/man.config | man_db.conf。

（2）到指定位置下搜索 COMMAND 命令的手册页并显示，示例如下：

```
man -M  /PATH/TO/SOMEWHERE  COMMAND
```

（3）查看/etc/passwd 配置文件的帮助文档，示例如下：

```
[root@c81 ~]# man -k passwd
checkPasswdAccess (3)      - query the SELinux policy database in the kernel
chgpasswd (8)              - update group passwords in batch mode
chpasswd (8)               - update passwords in batch mode
gpasswd (1)                - administer /etc/group and /etc/gshadow
grub2-mkpasswd-pbkdf2 (1)  - Generate a PBKDF2 password hash.
lpasswd (1)                - Change group or user password
openssl-passwd (1ssl)      - compute password hashes
pam_localuser (8)          - require users to be listed in /etc/passwd
passwd (1)                 - update user's authentication tokens
```

为了区分不同章节中相同的主题名称，man page 在命令后附上章节编号，编号用括号括起。例如，ls(1)是介绍列出目录下的文件的命令。man 章节及内容类型如表 2-3 所示。

表 2-3　man 章节及内容类型

章　　节	内 容 类 型
1	用户命令（可执行命令和 Shell 程序）
2	系统调用（从用户空间调用的内核例程）
3	库函数（由程序库提供）
4	特殊文件（如设备文件等）
5	文件格式（用于许多配置文件和结构）
6	游戏（过去的有趣程序章节）
7	惯例、标准和其他（如协议、文件系统等）
8	系统管理和特权命令（维护任务）
9	Linux 内核 API（内核调用）

查看 ls 命令的帮助文档，代码如下：

```
ls(1)                    User Commands                    ls(1)

NAME
      ls - list directory contents

SYNOPSIS
      ls [OPTION]... [FILE]...

DESCRIPTION
      List information about the FILEs (the current directory by default).  Sort
entries alphabetically
      if none of -cftuvSUX nor --sort is specified.
...
```

man 命令是工作中常用的获取帮助的命令，man 帮助文档中的段落说明包括用法格式说明和选项说明等。man 帮助文档中的段落说明的名称及简要说明如表 2-4 所示。

表 2-4　man 帮助文档中的段落说明的名称及简要说明

名　称	简 要 说 明
SYNOPSIS	用法格式说明 [] 可选内容 <> 必选内容 a|b 二选一 { } 分组 ... 同一内容可以出现多次
DESCRIPTION	详细说明
OPTIONS	选项说明
EXAMPLES	示例
FILES	相关文件
AUTHOR	作者
COPYRIGHT	版本信息
REPORTING	BUGS bug 信息
SEE ALSO	其他帮助参考

man 导航在 Linux 系统中能够高效搜索主题，在 man 帮助文档中快速定位需要的信息是 Linux 运维工程师需要掌握的管理技能。基本的 man 导航命令及功能如表 2-5 所示。

表 2-5　基本的 man 导航命令及功能

命　令	功　能
Space，^v，^f，^F	向前（向下）滚动一个屏幕
b，^b	向后（向上）滚动一个屏幕
g	转到 man page 的开头
G	转到 man page 的末尾
/string	在 man 帮助文档中向后搜索 string
n	在 man 帮助文档中重复之前的向后搜索
N	在 man 帮助文档中重复之前的向前搜索
q	退出 man，并返回到 Shell 命令提示符

4．info 命令

man 常用于命令参考，而 GNU 工具 info 更适合通用文档参考，没有参数，列出所有的页面。info 页面的结构就像一个网站，每一页分为“节点”，链接节点之前有*字符提示。

2.2.8　文件通配符

bash Shell 具有一个路径名匹配功能，以前叫作通配（globbing），缩写自早期的 UNIX 系统的“全局命令”（global command）文件路径扩展程序。bash 通配功能通常被称为模式匹配或“通配符”，它可以使管理大量文件变得更加轻松。使用“扩展”的元字符来匹配想要寻找的文件名和路径名，可以一次性针对集中的一组文件执行命令。

通配是一种 Shell 命令解析操作，它将一个通配符模式扩展到一组匹配的路径名。在执行命令之前，命令行元字符由匹配列表替换。不返回匹配项的模式（尤其是方括号括起来的字符类），将原始模式请求显示为字面上的文本。常见的元字符及功能如表 2-6 所示。

表 2-6 常见的元字符及功能

元字符	功能
*	匹配任意长度的任意字符
?	匹配任意单字符
~	匹配当前用户的主目录
~username	匹配用户 username 的主目录
~+	匹配当前工作目录
~-	匹配上一工作目录
[]	匹配指定范围内的任意单字符
[^]	匹配指定范围外的任意单字符

仅显示 boot 目录下的目录文件，代码如下：

```
[17:56:10 root@c81 ~]# ls -d /boot/*/
/boot/efi/  /boot/grub2/  /boot/loader/  /boot/lost+found/
```

2.2.9 Linux 常用的命令

1. pwd 命令及解析

（1）每个 Shell 和系统进程都有一个当前的工作目录。

（2）CWD：current work directory，当前工作目录。

（3）使用 pwd 命令可以显示当前 Shell CWD 的绝对路径。

2. cd 命令及解析

使用 cd 命令可以更改目录。

（1）cd：change directory，更改目录。

（2）cd：切换到用户的主目录。

（3）cd ~：切换到用户的主目录。

（4）cd ~USERNAME：切换到用户 USERNAME 的主目录（管理员）。

（5）cd -：在前一个目录和当前目录之间反复切换。

（6）cd -P DIR：切换到真实物理路径。

3. ls 命令及解析

ls 命令用于列出指定目录下的目录内容。如果未指定目录，则列出当前目录下的内容。

（1）ls -a：包含隐藏文件。

（2）ls -l：显示额外的信息。

（3）ls -R：目录递归。

（4）ls -ld：显示目录和符号链接信息。

（5）ls -l：文件分行显示。

4．mkdir 命令及解析

mkdir 命令用于创建目录。该命令的选项解析如下。

（1）-p：若所要创建目录的上层目录目前尚未创建，则会一并创建上层目录。即使这些目录已经存在，也不会报错。

（2）-v：显示详细信息。

（3）-m MODE：在创建目录时直接指定权限。

5．touch 命令及解析

touch 命令通常可以将文件的时间戳（access time、modify time、change time）更新为当前的日期和时间，而不做其他修改。该命令通常可以用于创建空文件。其格式如下：

```
touch  [option]... FILE
```

如果 FILE 不存在，则默认会创建一个空文件。该命令的选项解析如下。

（1）-a：改变 atime。

（2）-m：改变 mtime。

（3）-c：不创建空文件。

示例如下：

```
touch  -t [[CC]YY]MMDDhhmm[.ss]
```

6．cp 命令及解析

cp（copy）命令能够复制文件和目录。格式如下：

```
cp [OPTION] SRC DEST
```

其中，SRC 是文件。该命令的选项解析如下。

（1）如果 DEST 不存在，则复制 SRC 为 DEST。

（2）如果 DEST 存在，则有以下两种情况：

① 如果 DEST 是文件，则覆盖。

② 如果 DEST 是目录，则将 SRC 复制到 DEST 中，并保持原名。

（3）如果 SRC 不止一个，则 DEST 必须是目录。

（4）如果 SRC 是目录，则可以使用如下[OPTION]选项：

① -p，--preserve=mode,ownership,timestamps：保留文件属性。

② -a，--archive：相当于-dR --preserve=all，归档文件。

③ -R，-r，--/r：recursive，复制目录。

④ -f：强行复制文件或目录，不论目标文件或目录是否已经存在。

7. mv 命令及解析

mv（move）命令能移动/重命名文件，用法同 cp 命令。

8. rm 命令及解析

rm（remove）命令用于删除目录或文件（慎用此命令）。格式如下：

```
rm [OPTION]... FILE...
```

该命令的选项解析如下。

（1）-r 或-R：递归处理，将指定目录下的所有文件与子目录一并处理。

（2）-i：在删除已有文件或目录之前先询问用户。

（3）-f：强制删除文件或目录。

（4）-v：显示指令的详细执行过程。

2.3 目录结构

Linux 系统中的所有文件存储在文件系统中，它们被组织到一个颠倒的目录树中，称为文件系统结构。这棵目录树是颠倒的，因为“树根”在该层次结构的顶部，“树根”的下方延伸出目录和子目录的分支。

“/”目录是根目录，位于文件系统层次结构的顶部。“/”字符还用作文件名中的目录分隔符。Linux 文件系统遵循分层结构 LSB（Linux Standard Base，Linux 标准规范），Linux 文件系统的目录结构遵循 FHS（Filesystem Hierarchy Standard，文件系统层次结构标准）。Linux 文件系统的目录结构如图 2-1 所示。

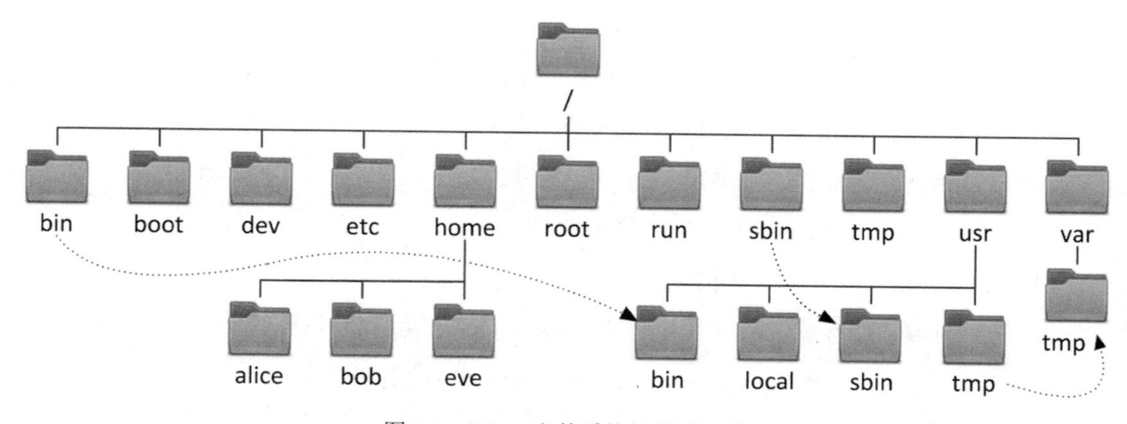

图 2-1 Linux 文件系统的目录结构

表 2-7 所示为根据名称和用途列出的系统中重要的目录及用途。

表 2-7　重要的目录及用途

目　　录	用　　途
/bin，/sbin（符号链接）	当系统自身启动和运行时可能会用的核心二进制命令
/boot	当系统引导加载时用到的静态文件、内核和 ramdisk（CentOS 5 中为 initrd，CentOS 6 中为 initramfs），以及 grub（bootloader）
/dev	devices 的简写，所有设备的设备文件都存放在此处；设备文件通常也被称为特殊文件（仅有元数据，而没有数据）
/etc	系统的配置文件
/home	普通用户存储其个人数据和配置文件的主目录
/lib，/lib64（符号链接）	共享库文件和内核模块
/opt	第三方应用程序的安装目录
/proc	伪文件系统，用于输出内核与进程信息相关的虚拟文件系统
/root	超级用户 root 的主目录
/run	自上一次系统启动以来启动的进程的运行时数据，包括进程 ID 文件和锁定文件，等等。此目录中的内容在重启时重新创建（此目录整合了旧版的/var/run 和/var/lock）
/srv	系统上运行的服务用到的数据
/sys	伪文件系统，用于输出当前系统上硬件设备相关信息的虚拟文件系统
/tmp	供临时文件使用的全局可写空间。10 天内未被访问、未被更改或未被修改的文件将自动从该目录中删除。还有一个临时目录/var/tmp，该目录中的文件如果在 30 天内未曾被访问、更改或修改过，则将被自动删除
/usr	安装的软件、共享的库，包括文件和静态只读程序数据。重要的子目录有：-/usr/bin，用户命令；-/usr/sbin，系统管理命令；-/usr/local，本地自定义软件
/var	特定于此系统的可变数据，在系统启动之间保持永久性。动态变化的文件（如数据库、缓存目录、日志文件、打印机后天处理文档和网站内容）可以在/var 目录下找到
/mnt，/media	设备临时挂载点

在 CentOS 7 以上的版本中，根目录（/）中的 4 个较旧的目录现在与它们在/usr 目录中对应的目录拥有完全相同的内容。

- /bin 和/usr/bin。
- /sbin 和/usr/sbin。
- /lib 和/usr/lib。
- /lib64 和/usr/lib64。

在 CentOS 6 及之前的较早版本中，这些是不同的目录，包含几组不同的文件。在 CentOS 7 以上的版本中，根目录（/）中的目录是/usr 目录中对应目录的符号链接。

2.4 文件系统

文件或目录的路径指定其唯一的文件系统位置。跟随文件路径会遍历一个或多个指定的子目录，用正斜杠（/）隔开，直到到达目标位置。与其他文件类型相同，标准的文件行为定义也适用于目录（也称文件夹）。

需要注意的是，虽然空格字符在 Linux 系统的文件名称中可以被接受，但是由于空格还是 Shell 命令用于命令语法解释的分隔符，因此建议新手 Linux 运维工程师避免在文件名中使用空格。这是因为包含空格的文件名常常导致意外的命令执行行为。

1. 绝对路径

绝对路径是完全限定名称，自根目录（/）开始，指定到达且唯一代表单个文件所遍历的每个子目录。文件系统中的每个文件都有一个唯一绝对路径名，可以通过一个简单的规则来识别：第一个字符是正斜杠（/）的路径名是绝对路径名。

2. 相对路径

与绝对路径相同，相对路径也标识唯一文件，仅指定从工作目录到达该文件所需的路径。识别相对路径名遵循一个简单的规则：第一个字符是正斜杠（/）之外的其他字符的路径名是相对路径名。位于/var 目录中的用户可以将消息日志文件的相对路径指定为 log/messages。

3. 文件名规则

对于标准的 Linux 文件系统，文件路径名的长度（包含所有/字符）不可以超过 4095 字节。路径名中通过/字符隔开的每一部分的长度不可以超过 255 字节。文件名可以使用任何 UTF-8 编码的 Unicode 字符，但是/和 NULL 字符除外。另外，使用特殊字符的目录名和文件名不推荐使用，有些字符需要使用引号来引用它们。

文件有两类数据：元数据（metadata）即属性、数据（data）即文档，以.开头的文件为隐藏文件。对于不同颜色的文件的描述如下。

- 蓝色文件为目录。
- 绿色文件为可执行文件。
- 红色文件为压缩文件。
- 浅蓝色文件为链接文件。
- 灰色文件为其他文件。
- /etc/DIR_COLORS 文件中定义了颜色属性。

Linux 文件系统，包含但不限于 ext4、XFS、BTRFS、GFS2 和 ClusterFS 等，都是区分大小写的。在同一个目录中，创建 FileCase.txt 和 filecase.txt 将生成两个不同的文件。

Linux 系统中的文件类型如下所述。

- 普通文件。
- d：目录文件。
- b：块设备文件。
- c：字符设备文件。
- l：符号链接文件。
- p：管道文件 pipe。
- s：套接字文件 socket。

2.5 vim 编辑器

编辑器是编写或修改文本文件的重要工具之一，在各种操作系统中，编辑器都是不可缺少的部件。在 Linux 系统中，系统和应用的配置大多需要通过修改配置文件来进行设置。熟练掌握 Linux 系统中的编辑器的用法，可以极大地提高工作效率。

vim（vi improved）是一款强大的文件编辑器，支持复杂的文本操作。相对于图形界面的 gedit 编辑器，vim 可以很方便地在命令行中使用，并且可以在任何 Linux 系统中使用。

vim 是 vi 的高级版本，它提供了更多的功能，如自动格式、语法高亮等。当系统中的 vim 无法使用时，可以使用 vi 命令代替，用法相同。（如果最小化安装 Linux 系统，则默认不安装 vim。）

vim 的 3 种模式如下所述。

（1）命令模式：打开 vim 编辑器，即进入命令模式（也称一般模式）。通过键盘命令，可以对文件进行复制、粘贴、删除、替换、移动光标和继续查找等操作，该模式也是编辑模式和末行模式切换的中间模式，可以通过按下 Esc 键来返回命令模式。

（2）编辑模式：也称插入模式，用于对文档内容进行添加、删除和修改等操作。在编辑模式中，所有的键盘操作（除了按下退出编辑模式键，即按下 Esc 键）都是输入或删除的操作，所以在编辑模式下没有可用的键盘命令操作。

（3）末行模式：进入末行模式，光标移动到屏幕的底部，输入内置的指令，可以执行相关的操作，如文件的保存、退出、定位光标、查找、替换和设置行标等操作。命令模式、编辑模式和末行模式之间的切换方法如图 2-2 所示。

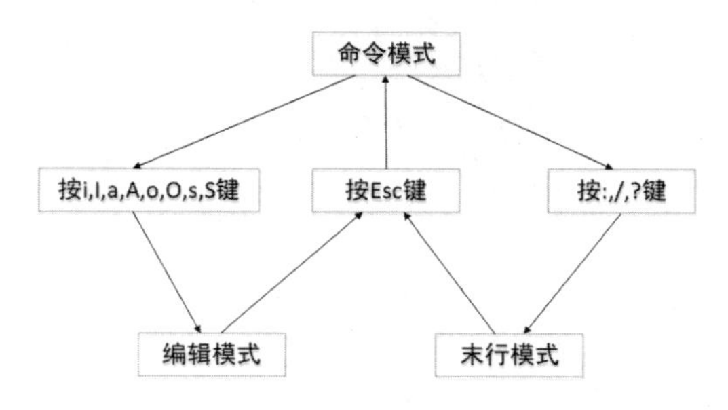

图 2-2　命令模式、编辑模式和末行模式之间的切换方法

在命令模式下，ZZ 命令表示保存并退出；ZQ 命令表示不保存，强制退出。

在末行模式下退出的操作流程为：在命令模式下，按下:（英文冒号）键进入末行模式，然后在末行模式下输入相关命令。末行模式命令及功能如表 2-8 所示。

表 2-8　末行模式命令及功能

命　令	功　能
q	没有对文件做过修改，退出
q!	对文件做过修改，强制不保存退出
wq 或 x	保存退出；可以添加!，表示强制保存退出

在 vim 编辑器的命令模式下，有着大量方便快捷的键盘命令，可以用来控制光标、操作文本等。常用的快捷键及功能如表 2-9 所示。

表 2-9　常用的快捷键及功能

快 捷 键	功　能
h/j/k/l	光标向左/下/上/右移动一个字符
Ctrl+f/b	屏幕向下/上移动一页
Ctrl+d/u	屏幕向下/上移动半页
0 或^	光标移动到行首，0 是绝对行首
$或 g_	光标移动到行尾，$是绝对行尾
gg	光标移动到文件第一行
G	光标移动到文件最后一行
nG	光标移动到文件的第 *n* 行
x/X	向后/前删除一个字符
nx	向后删除 *n* 个字符
dd/ndd	删除光标所在的行/删除光标所在行的向下 *n* 行
cc/C	删除光标所在处的整行而后转换为输入
yy/nyy	复制光标所在的行/复制光标所在行的向下 *n* 行
p/P	粘贴到光标所在行的下/上一行
r	仅替换一次光标所在的字符
R	一直替换光标所在的字符，直到按下 Esc 键
u	撤销前一个操作

项目实施

任务 2-1 bash 基础环境设置

任务规划

Jan16 公司计划为公司新购置的一批服务器安装 CentOS 8 系统，现在需要实习生小锐设置 CentOS 8 bash 基础工作环境，为后续服务搭建做好准备。

（1）定义命令提示符以 24 小时时间格式显示时间。

（2）定义命令历史不记录重复和以空格开头的命令。

（3）定义命令别名 cdnet。

任务实施

1. 定义命令提示符以 24 小时时间格式显示时间

（1）修改命令提示符的格式，代码如下：

```
[root@c81 ~]# PS1='[\t \u@\h \W]\$ '
```

（2）查看当前的命令提示符，代码如下：

```
[16:21:43 root@c81 ~]# echo $PS1
[\t \u@\h \W]\$
```

2. 定义命令历史不记录重复和以空格开头的命令

（1）定义环境变量 HISTCONTROL，代码如下：

```
[16:21:50 root@c81 ~]# HISTCONTROL=ignoreboth
```

（2）查看 HISTCONTROL 变量值，代码如下：

```
[16:31:05 root@c81 ~]# echo $HISTCONTROL
ignoreboth
```

3. 定义命令别名 cdnet

（1）定义命令别名 cdnet，代码如下：

```
[16:36:36 root@c81 ~]# alias cdnet='cd /etc/sysconfig/network-scripts/'
```

（2）显示当前 Shell 进程中的所有命令别名，代码如下：

```
[16:37:06 root@c81 ~]# alias
alias cdnet='cd /etc/sysconfig/network-scripts/'
alias cp='cp -i'
alias egrep='egrep --color=auto'
```

```
alias fgrep='fgrep --color=auto'
alias grep='grep --color=auto'
...
```

任务验证

（1）查看 PS1 环境变量，代码如下：

```
[16:40:09 root@c81 ~]# echo $PS1
[\t \u@\h \W]\$
```

（2）执行以空格开头的命令和重复的命令，然后使用 history 命令查看命令历史记录，代码如下：

```
[16:40:09 root@c81 ~]# echo $PS1
[\t \u@\h \W]\$
[16:40:14 root@c81 ~]# echo $PS1
[\t \u@\h \W]\$
[16:41:31 root@c81 ~]# ls
anaconda-ks.cfg
[16:41:38 root@c81 ~]# history 3
  133  echo $PSipa dd
  134  echo $PS1
  135  history 3
```

（3）使用 cdnet 命令验证命令别名，代码如下：

```
[16:41:41 root@c81 ~]# cdnet
[16:42:37 root@c81 network-scripts]# pwd
/etc/sysconfig/network-scripts/
```

任务 2-2　命令行下文件与目录的管理

任务规划

Jan16 公司计划为公司新购置的一批服务器安装 CentOS 8 系统，现在需要实习生小锐了解并能熟练地进行文件与目录的管理，为后续服务搭建做好准备。

（1）查看当前的工作目录。

（2）更改目录为/，查看/目录下的文件。

（3）创建/data/httpd/html、/data/mysql、/data/images、/data/test/1 和/data/test/2 目录。

（4）使用 tree 命令查看/data/目录的结构。

（5）删除/data/test/2 目录，删除/data/test 目录。

（6）使用 stat 命令查看/data/目录的状态信息。

（7）在/data/httpd/html 目录中使用 touch 命令创建 index.html 和 test.html 空文件。

（8）将/etc/issue 文件复制到/data/httpd/html 目录中。

（9）重命名 issue 为 issue.html。

（10）删除 test.html 文件。

任务实施

1. 目录管理

（1）查看当前的工作目录，代码如下：

```
[root@c81 ~]# pwd
/root
```

（2）更改目录为/，查看/目录下的文件，代码如下：

```
[root@c81 ~]# cd /
[root@c81 /]# ls */ -d
bin/  boot/  dev/  etc/  home/  lib/  lib64/  media/  mnt/  opt/  proc/  root/  run/
sbin/  srv/  sys/  tmp/  usr/  var/
```

（3）创建/data/httpd/html、/data/mysql、/data/images、/data/test/1 和/data/test/2 目录，代码如下：

```
[root@c81 /]# mkdir /data/{httpd/html,mysql,images,test/{1,2}} -pv
mkdir: created directory '/data'
mkdir: created directory '/data/httpd'
mkdir: created directory '/data/httpd/html'
mkdir: created directory '/data/mysql'
mkdir: created directory '/data/images'
mkdir: created directory '/data/test'
mkdir: created directory '/data/test/1'
mkdir: created directory '/data/test/2'
```

（4）使用 tree 命令查看/data/目录的结构，代码如下：

```
[root@c81 /]# tree /data/
/data/
├── httpd
│   └── html
├── images
├── mysql
└── test
    ├── 1
    └── 2

7 directories, 0 files
```

（5）删除/data/test/2 目录，删除/data/test 目录，代码如下：

```
[root@c81 /]# rm -r /data/test/2/
rm: remove directory '/data/test/2/'? y
[root@c81 /]# rm -r /data/test/
rm: descend into directory '/data/test/'? y
rm: remove directory '/data/test/1'? y
rm: remove directory '/data/test/'? y
```

2. 文件管理

（1）使用 stat 命令查看/data/目录的状态信息，代码如下：

```
[root@c81 /]# stat /data/
  File: /data/
  Size: 46              Blocks: 0          IO Block: 4096   directory
Device: fd00h/64768d    Inode: 34116456    Links: 5
Access: (0755/drwxr-xr-x)  Uid: (    0/    root)   Gid: (    0/    root)
Access: 2020-09-03 11:16:29.485890042 +0800
Modify: 2020-09-03 11:20:49.115732405 +0800
Change: 2020-09-03 11:20:49.115732405 +0800
 Birth: -
```

（2）在/data/httpd/html 目录中使用 touch 命令创建 index.html 和 test.html 空文件，代码如下：

```
[root@c81 /]# cd /data/httpd/html/
[root@c81 html]# touch index.html test.html
[root@c81 html]# ls
index.html  test.html
```

（3）将/etc/issue 文件复制到/data/httpd/html 目录中，代码如下：

```
[root@c81 html]# cp /etc/issue  .
```

其中，. 表示当前目录，即/data/httpd/html 目录。

（4）重命名 issue 为 issue.html，代码如下：

```
[root@c81 html]# mv issue issue.html
[root@c81 html]# ll
total 4
-rw-r--r-- 1 root root  0 Sep  3 12:00 index.html
-rw-r--r-- 1 root root 23 Sep  3 12:00 issue.html
-rw-r--r-- 1 root root  0 Sep  3 12:00 test.html
```

（5）删除 test.html 文件，代码如下：

```
[root@c81 html]# rm test.html
rm: remove regular empty file 'test.html'? y
```

任务验证

（1）使用 tree 命令查看/data 目录树，代码如下：

```
[root@c81 ~]# tree /data
/data
├── httpd
│   └── html
│       ├── index.html
│       └── issue.html
├── images
└── mysql

4 directories, 2 files
```

（2）使用 cat 命令查看/data/httpd/html/issue.html 文件的内容，代码如下：

```
[root@c81 ~]# cat /data/httpd/html/issue.html
\S
Kernel \r on an \m
```

任务 2-3　命令行下修改系统的配置文件

任务规划

Jan16 公司计划为公司新购置的一批服务器安装 CentOS 8 系统，现在需要实习生小锐设置 CentOS 8 bash 基础工作环境并使其永久生效，为后续服务搭建做好准备。

（1）定义命令提示符以 24 小时时间格式显示时间。

（2）定义命令历史不记录重复和以空格开头的命令。

（3）定义命令别名 cdnet。

（4）关闭 SELinux。

（5）在用户的主目录中定义.vimrc 配置文件，设置 Tab 键为 4 个空格。

（6）关闭 SSH 的 DNS 解析和 GSSAPI 认证。

（7）定义 motd 配置文件。

任务实施

1. 定义命令提示符以 24 小时时间格式显示时间

使用 vim 命令修改.bashrc 文件，在尾行添加 PS1='[\t \u@\h \W]\$ '配置，代码如下：

```
[root@c81 ~]# vim .bashrc
```

```
# .bashrc

# User specific aliases and functions

alias rm='rm -i'
alias cp='cp -i'
alias mv='mv -i'

# Source global definitions
if [ -f /etc/bashrc ]; then
    . /etc/bashrc
fi
PS1='[\t \u@\h \W]\$ '
```

（2）执行 bash 命令，查看命令提示符，代码如下：

```
[root@c81 ~]# bash
[18:08:14 root@c81 ~]#
```

2. 定义命令历史不记录重复和以空格开头的命令

（1）使用 vim 命令修改.bashrc 文件，在尾行添加 HISTCONTROL=ignoreboth 配置，代码如下：

```
[18:09:25 root@c81 ~]# vim .bashrc
# .bashrc

# User specific aliases and functions

alias rm='rm -i'
alias cp='cp -i'
alias mv='mv -i'

# Source global definitions
if [ -f /etc/bashrc ]; then
    . /etc/bashrc
fi
PS1='[\t \u@\h \W]\$ '
HISTCONTROL=ignoreboth
```

（2）执行 bash 命令，查看 HISTCONTROL 变量值，代码如下：

```
[18:12:30 root@c81 ~]# echo $HISTCONTROL
ignoreboth
```

3. 定义命令别名 cdnet

（1）使用 vim 命令修改.bashrc 文件，在尾行添加 alias cdnet='cd /etc/sysconfig/ network-scripts/'配置，代码如下：

```
[18:11:15 root@c81 ~]# vim .bashrc
# .bashrc

# User specific aliases and functions

alias rm='rm -i'
alias cp='cp -i'
alias mv='mv -i'

# Source global definitions
if [ -f /etc/bashrc ]; then
    . /etc/bashrc
fi
PS1='[\t \u@\h \W]\$ '
HISTCONTROL=ignoreboth
alias cdnet='cd /etc/sysconfig/network-scripts/'
```

（2）执行 bash 命令，显示当前 Shell 进程中的所有命令别名，代码如下：

```
[18:12:37 root@c81 ~]# alias
alias cdnet='cd /etc/sysconfig/network-scripts/'
alias cp='cp -i'
alias egrep='egrep --color=auto'
...
```

4．关闭 SELinux

代码如下：

```
[18:15:30 root@c81 ~]# vim /etc/selinux/config
修改前：SELINUX=enforcing
修改后：SELINUX=disabled
```

5．在用户的主目录中定义.vimrc 配置文件，设置 Tab 键为 4 个空格

代码如下：

```
[18:18:36 root@c81 ~]# vim .vimrc
set ts=4
set et
```

6．关闭 SSH 的 DNS 解析和 GSSAPI 认证

代码如下：

```
[18:24:16 root@c81 ~]# vim /etc/ssh/sshd_config
修改前：UseDNS yes
       GSSAPIAuthentication yes
修改后：UseDNS no
       GSSAPIAuthentication no
```

```
[18:26:16 root@c81 ~]# systemctl restart sshd
```

7．定义 motd 配置文件

代码如下：

```
[18:30:55 root@c81 ~]# vim /etc/motd


/**
*           ,%%%%%%%%%,
*         ,%%/\%%%%/\%%
*        ,%%%\c "" J/%%%
* %.      %%%%/ o  o \%%%
* `%%.    %%%%     _  |%%%
*  `%%    `%%%%(__Y__)%%'
*  //      ;%%%%`\-/%%%'
* ((      /  `%%%%%%%%'
*  \\    .'          |
*   \\  /      \  |  |
*    \\/        ) |  |
*     \        /_ |  |__
*     (___________)))))))一个不会写 BUG 的工程狮
```

任务验证

（1）重新登录，查看 PS1 环境变量，代码如下：

```
[18:14:01 root@c81 ~]# echo $PS1
[\t \u@\h \W]\$
```

（2）执行以空格开头的命令和重复的命令，使用 history 命令查看命令历史记录，代码如下：

```
[18:14:01 root@c81 ~]# echo $PS1
[\t \u@\h \W]\$
[18:14:06 root@c81 ~]# echo $PS1
[\t \u@\h \W]\$
[18:14:35 root@c81 ~]# ls
anaconda-ks.cfg
[18:14:38 root@c81 ~]# history 4
  438  exit
  439  echo $PS1
  440  ls
  441  history 4
```

（3）使用 cdnet 命令验证命令别名，代码如下：

```
[18:14:44 root@c81 ~]# cdnet
[18:15:12 root@c81 network-scripts]# pwd
```

```
/etc/sysconfig/network-scripts
```

（4）使用 vim 命令编辑 test 文件，按下 i 键进入编辑模式，然后按下 Tab 键查看效果，代码如下：

```
[18:19:15 root@c81 ~]# vim test
<Tab>
[18:21:13 root@c81 ~]# wc test
1 0 5 test
```

（5）重启服务器，查看 SELinux 的状态，代码如下：

```
[18:26:12 root@c81 ~]# getenforce
Disabled
```

（6）重新登录服务器。

在重新登录服务器后，可以自动显示如图 2-3 所示的效果。

图 2-3　运行效果

练习与实践

一、理论习题

1．CentOS 8 系统默认使用的 Shell 是_____。

A．sh　　　　B．bash

C．zsh　　　　D．tcsh

4．CentOS 8 系统默认采用_____文件系统。

A．ext4　　　　B．XFS

C．ext3　　　　D．NTFS

二、项目实训题

1. 项目描述

Jan16公司计划为公司新购置的一批服务器安装CentOS 8系统，现在需要实习生小锐设置CentOS 8 bash基础工作环境，为后续服务搭建做好准备。

2. 项目要求

（1）定义命令提示符以12小时时间格式显示时间。

（2）定义命令历史不记录重复的命令。

（3）定义命令别名cdnetwork。

（4）定义.vimrc配置文件，设置Tab键为2个空格。

（5）关闭SELinux。

（6）关闭SSH的DNS解析和GSSAPI认证。

（7）定义motd配置文件。

项目3　管理 CentOS 系统的用户和组

学习目标

（1）掌握 CentOS 系统中用户和组的概念与应用。

（2）掌握 CentOS 系统中用户和组的常用命令。

（3）掌握用户和组权限的继承性的概念与应用。

（4）掌握企业组织架构下用户和组的部署业务实施流程。

项目描述

Jan16 公司的信息中心由信息中心主任黄工、网络管理组张工和李工、系统管理组赵工和宋工等 5 位工程师组成，信息中心的组织架构图如图 3-1 所示。

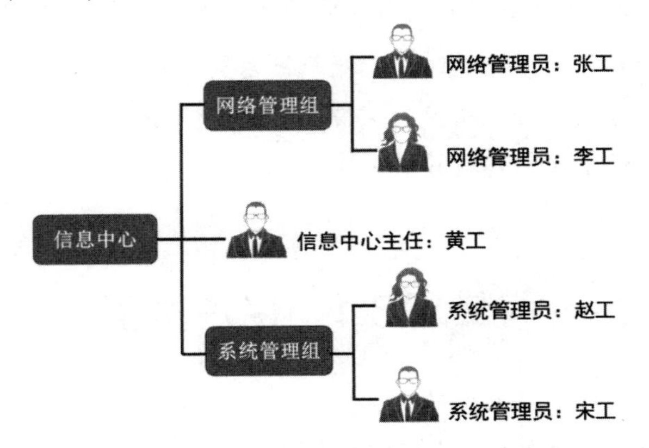

图 3-1　信息中心的组织架构图

信息中心在一台服务器上安装了 CentOS 8 系统，用于部署公司的网络服务，信息中心的所有员工均需要使用该服务器。Linux 运维工程师根据员工的岗位工作管理职责，为每个岗位规划了相应权限。信息中心员工的用户账户信息表如表 3-1 所示。

表 3-1　信息中心员工的用户账户信息表

姓　名	用户账户	隶　属　组	权　限	备　注
黄工	Huang	Sysadmins	系统管理员	信息中心主任
张工	Zhang	Netadmins	网络管理 虚拟化管理	网络管理组
李工	Li			
赵工	Zhao	Sysadmins	系统管理员	系统管理组
宋工	Song			

项目分析

Linux 系统是一个多用户多任务的系统，系统中的用户可以是一个对应真实物理用户的账户，也可以是特定应用程序使用的身份账号。Linux 系统通过定义不同的用户，来控制用户在系统中的权限。系统的每个文件都被设计成属于相应的用户和组，不同的用户具有对系统内相应文件进行访问、写入或执行的权限。

因此，本项目需要 Linux 运维工程师熟悉 CentOS 8 系统中的用户和组的管理，具体涉及以下工作任务。

（1）管理信息中心的用户账户，为信息中心员工创建用户账户。

（2）管理信息中心的组账户，为信息中心各岗位创建组账户，根据岗位工作任务分配用户访问权限。

相关知识

Linux 系统是多用户多任务的操作系统，允许多个用户同时登录系统，使用系统资源。用户账户是用户的身份标识，用户通过用户账户可以登录系统，并且访问已经被授权的资源。系统依据账户来区分属于每个用户的文件、进程和任务，并给每个用户提供特定的工作环境，使每个用户都能不受干扰地独立工作。

3.1　用户类型

在 Linux 系统中，主要分为以下 3 种用户类型。

（1）root 用户：在 Linux 系统中，root 用户的 UID 为 0，该类用户对所有的命令和文件具有访问、修改和执行的权限，一旦操作失误很容易对系统造成损坏。因此，在生产环境中，不建议使用 root 用户直接登录系统。

（2）普通用户：系统中大多数的用户为普通用户，需要管理员用户进行创建。该类用户拥有的权限受到一定的限制，一般只在用户自己的主目录拥有完全权限，在提升权限时，需要使用 sudo 命令。

（3）系统用户：通常会用于一个守护进程或软件，这类用户在安装系统后默认存在，并且在默认情况下，通常不允许通过 Shell 的交互式登录系统。但是此类用户方便系统管理，对于系统的正常运行是必不可缺的。

3.2 用户配置

Linux 系统中用于用户账户相关配置的文件主要有两个：/etc/passwd 和/etc/shadow。前者用于保存用户的基本信息，后者用于保存用户的密码信息，这两个文件是互补的。

/etc/passwd 文件是文本文件，包含用户登录的相关信息，每行代表一个用户的信息，该文件对所有用户可读。

例如，下面是/etc/passwd 文件的部分输出：

```
[root@localhost ~]# cat /etc/passwd
root:x:0:0:root:/root:/bin/bash
```

上述/etc/passwd 文件的部分输出对应的完整格式如下：

```
用户名:口令:用户标识号:组标识号:注释:主目录:默认 Shell
```

上述格式中各项对应的解析如下。

（1）用户名：代表用户账户的字符串。

（2）口令：存放加密后用户登录的密码，由于/etc/passwd 文件对所有用户可读，因此基于安全性考虑，将用户密码的加密信息存放在/etc/shadow 文件中。

（3）用户标识号：每个用户都有 UID，并且是唯一的，0 是超级用户 root 的用户标识号，用户的角色和权限都是通过 UID 实现的。

（4）组标识号：组的 GID，该字段记录了用户所属的用户组，对应着/etc/group 文件中的一条记录。

（5）注释：用户的注释信息，可以填写与用户相关的一些信息，该字段可选。

（6）主目录：用户登录系统后默认所处的目录。

（7）默认 Shell：用户登录所用的 Shell 类型，默认为/bin/bash。

/etc/shadow 文件包含用户密码的加密信息及其他相关安全信息。基于安全性考虑，只有 root 用户才有权限读取/etc/shadow 文件中的内容，普通用户没有权限查看。

例如，下面是/etc/shadow 文件的部分输出：

```
[root@localhost ~]# cat /etc/shadow
root:$6$6SCTc3Uz3kXN7tQL$a9I6hiw6zMygSGgZvSbCaQUiaZdJEFwYMFQq9ixzcLrNINRDPrVI.iFNIyW
u.qCgariKDbu6iTl.gxMTxv1x5.::0:99999:7:::
```

上述/etc/shadow 文件的部分输出对应的完整格式如下：

```
用户名:加密口令:最后一次修改时间:最小时间间隔:最大时间间隔:警告时间:密码禁用期:失效时间:保留字段
```

上述格式中各项对应的解析如下。

（1）用户名：代表用户账户的字符串。

（2）加密口令：$为分隔符，首先是使用的加密算法，其次是随机数，最后才是加密的密码。如果该字段是*、! 和 x 等字符，则对应的用户不能登录系统。

（3）最后一次修改时间：表示从 1970 年 1 月 1 日算起，距离密码最近一次被修改的日期之间的天数。

（4）最小时间间隔：表示密码最近被修改的日期到下次允许被修改的日期之间的最小天数。

（5）最大时间间隔：表示密码最近被修改的日期到下次允许被修改的日期之间的最大天数。

（6）警告时间：表示从系统开始警告用户到密码正式失效之间的天数。

（7）密码禁用期：表示在密码失效后，系统自动禁用账户的天数。如果密码禁用期设置为-1，则表示该账户永不禁用。

（8）失效时间：表示账户的生存期。如果失效时间设置为-1，则表示该账户为启用。

（9）保留字段：保留域，用于日后功能拓展。

3.3 群组

在 Linux 系统中，为了方便 Linux 运维工程师的管理和用户的工作，产生了群组的概念。群组就是具有相同特征的用户集合体。使用群组有利于 Linux 运维工程师按照用户的特性来组织和管理用户，以提高工作效率。为用户设置群组，在做资源授权时可以把权限赋予某个群组，群组中的成员即可获得对应的权限，并且方便 Linux 运维工程师检查，用户组可以更高效地管理用户权限。

用于保存主账户基本信息的文件是/etc/group 文件，存储格式为 group_name:password:GID:user_list，即每行信息包括 4 个字段。

例如，下面是/etc/group 文件的部分输出：

```
[root@localhost ~]# cat /etc/group
```

```
root:x:0:
```

上述/etc/group 文件的部分输出对应的完整格式如下：

```
组名:组口令:GID:用户列表
```

上述格式中各项对应的解析如下。

（1）组名：用户组的名称。

（2）组口令：使用占位符 x 表示，加密后的密码存放在/etc/gshadow 文件中。

（3）GID：群组的 ID 号，Linux 系统通过 GID 来区分用户组。

（4）用户列表：每个群组包含的所有用户，这里列出的是以该组为附加值的用户列表，以此组为主组的用户并没有被列出。

/etc/gshadow 文件是/etc/group 文件的加密文件，两个文件为互补的关系。对于大型的生产环境来说，设置明确的用户和组，定制关系结构比较复杂的权限模型，设置用户组密码是很有必要的。/etc/gshadow 文件中的每行信息包括 4 个字段，字段之间用"："隔开。

例如，下面是/etc/gshadow 文件的部分输出：

```
[root@localhost ~]# cat /etc/gshadow
root:::
```

上述/etc/gshadow 文件的部分输出对应的完整格式如下：

```
用户组名:用户组密码:用户组管理员名称:群组成员列表
```

上述格式中各项对应的解析如下。

（1）用户组名：用户组的名称。

（2）用户组密码：大部分用户通常不设置用户组密码，因此该字段常为空。如果该字段中出现!字符，则代表群组没有密码，也不设置群组管理员。

（3）用户组管理员名称：该字段可以为空，也可以设置多个群组管理员。

（4）群组成员列表：该字段显示群组中有哪些附加用户，与/etc/group 文件中的附加值显示内容相同。

用户和组的对应关系有一对一、一对多、多对一和多对多。对这 4 种对应关系的解析如下。

（1）一对一：即一个用户可以存在一个组中，也可以是组中的唯一成员。

（2）一对多：即一个用户可以存在多个组中，那么此用户具有多个组的共同权限。

（3）多对一：即多个用户可以存在一个组中，那么这些用户具有与组相同的权限。

（4）多对多：即多个用户可以存在多个组中。其实这种对应关系就是上面 3 种对应关系的扩展。

在 Linux 系统的设计中，每个用户都有一个对应的组，组即是多个（含一个）成员用户为同一个目的组成的组织，组内的成员对属于该组下的文件拥有相同的权限。在默认情况下，Linux 系统中的用户拥有自己的私人组（User Private Group，UPG）。当一个新用户被创建时，同时会创建一个名称与用户名相同的用户私人组。

项目实施

任务 3-1　管理信息中心的用户账户

任务规划

为满足 Jan16 公司信息中心对安装了 Centos 8 系统的服务器的访问，Linux 运维工程师根据如表 3-1 所示的内容，为每一位员工创建用户账户。Linux 运维工程师可以通过向导式菜单为员工创建用户账户，并通过用户属性管理界面修改用户账户的相关信息。当用户使用新用户账户登录系统时，可以自行修改登录密码。

在 CentOS 8 系统终端中为信息中心的员工创建用户账户，可以通过以下操作步骤来实现。

（1）通过 useradd 命令创建用户账户。

（2）通过不同的参数修改用户账户的属性。

（3）在任务验证中，使用新用户账户登录系统，测试新用户账户第一次登录系统是否需要更改密码。

任务实施

在 CentOS 8 系统终端中为信息中心的员工创建用户账户。

（1）Linux 运维工程师以用户账户 ROOT 登录服务器，打开系统终端，创建用户账户 Huang，备注为“信息中心主任”。代码如下：

```
[root@Jan16 ~]# useradd -c "信息中心主任" Huang
[root@Jan16 ~]# echo "1qaz@WSX" | passwd --stdin Huang
```

在创建用户账户时，参数-c 代表加上备注文字，备注文字保存在 passwd 备注栏中。

（2）查看用户账户 Huang 是否创建成功，代码如下：

```
[root@Jan16 ~]# cat /etc/passwd
Huang:x:1001:1001:信息中心主任:/home/Huang:/bin/bash
```

（3）需要限制用户账户 Huang 在第一次登录系统时必须修改密码，代码如下：

```
[root@Jan16 ~]# chage -d0 Huang
```

在上述代码中，“-d <N>”选项应该被设置成密码的“有效期”（自密码上一次更改时间 1970 年 1 月 1 日以来的天数）。所以，“-d0”表明该密码是在 1970 年 1 月 1 日被更改的，这实际上是让当前密码到期失效，从而让密码在下一次登录时被更改。

（4）切换用户账户，查看是否能够成功限制用户账户 Huang 登录系统。需要注意的是，不能使用用户账户 ROOT 进行切换，因为用户账户 ROOT 切换用户账户时不需要输入密码。使用新建的用户账户 Test 对用户账户 Huang 进行测试，在切换用户账户并输入正确密码后，提示 Linux 运维工程师强制要求立即更改密码，在输入当前密码后，提示输入新密码，测试完成。代码如下：

```
[Test@Jan16 ~]$ su - Huang
Password:
You are required to change your password immediately (administrator enforced)
Current password:
New password:
Retype new password:
```

（5）使用同样的方法创建 Zhang、Li、Zhao 和 Song 四个用户账户，代码如下：

```
[root@Jan16 ~]# useradd -c "网络管理组" Zhang
[root@Jan16 ~]# useradd -c "网络管理组" Li
[root@Jan16 ~]# useradd -c "系统管理组" Zhao
[root@Jan16 ~]# useradd -c "系统管理组" Song
```

（6）查看用户账户创建的情况，代码如下：

```
[root@Jan16 ~]# cat /etc/passwd
Huang:x:1001:1001:信息中心主任:/home/Huang:/bin/bash
Zhang:x:1002:1002:网络管理组:/home/Zhang:/bin/bash
Li:x:1003:1003:网络管理组:/home/Li:/bin/bash
Zhao:x:1004:1004:系统管理组:/home/Zhao:/bin/bash
Song:x:1005:1005:系统管理组:/home/Song:/bin/bash
```

任务验证

（1）在用户账户创建后，注销用户账户 ROOT，然后在 CentOS 8 系统登录界面中可以看到“信息中心主任”和“网络管理组”登录账户选项，创建用户账户时的备注为登录名，结果如图 3-2 所示。

（2）以用户账户 Huang 登录 CentOS 8 系统，系统会出现如图 3-3 所示的“You are required to change your password immediately(administrator enforced)”（管理员强制要求您立即修改密码）提示信息。

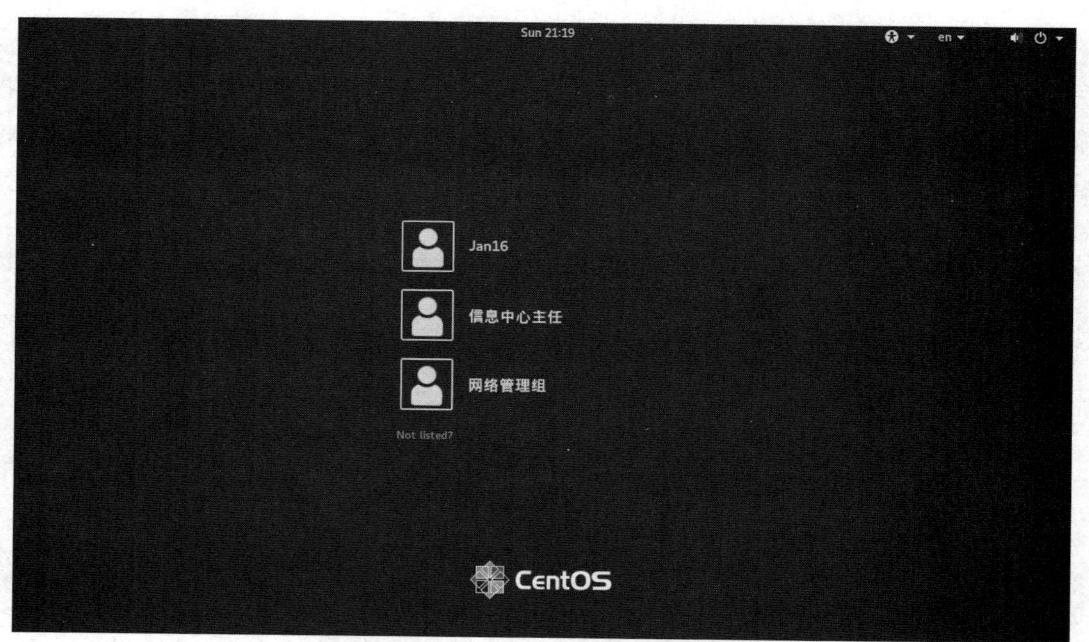

图 3-2　CentOS 8 系统登录界面

图 3-3　以用户账户 Huang 登录 CentOS 8 系统

（3）在修改密码后，将以用户账户 Huang 登录 CentOS 8 系统，结果如图 3-4 所示。

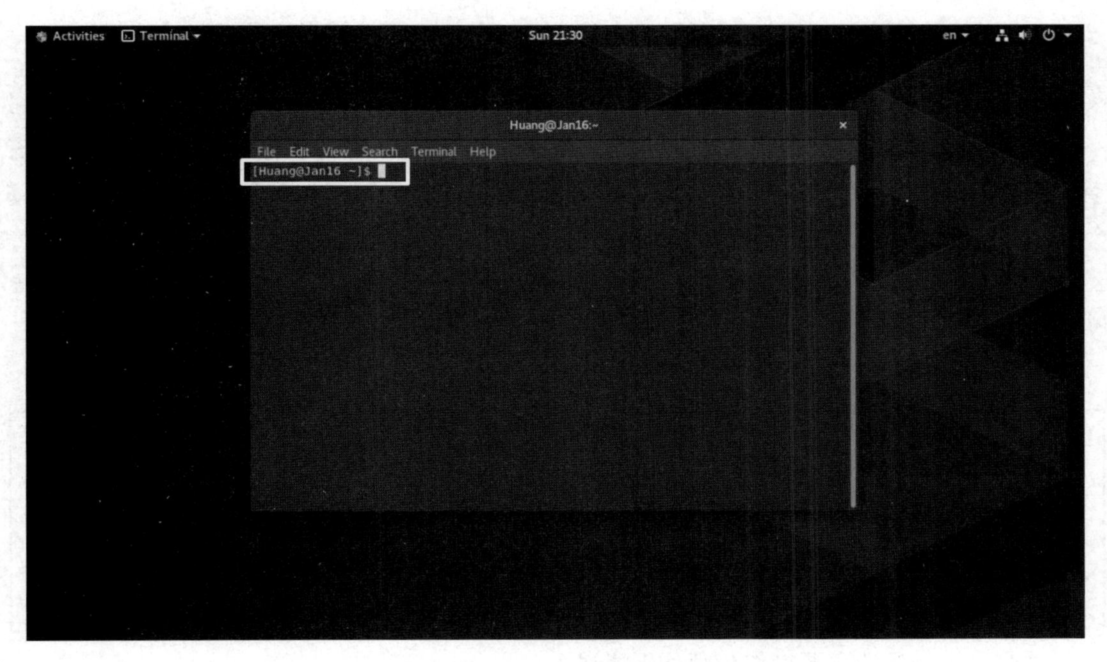

图 3-4　以用户账户 Huang 成功登录 CentOS 8 系统

任务 3-2　管理信息中心的组账户

任务规划

Jan16 公司信息中心网络管理组的员工在试用安装了 CentOS 8 系统的服务器一段时间后，决定在服务器上部署业务系统进行系统测试，等确定该系统能稳定支撑公司业务后再做业务系统迁移，并在这台服务器上创建共享，同时将系统测试文档统一存放在网络共享中。

公司业务系统的管理涉及信息中心网络管理组和系统管理组的所有员工，因此，公司信息中心需要为每位员工的用户账户授予管理权限。

根据如图 3-1 所示的信息中心的组织架构、如表 3-1 所示的信息中心员工的用户账户信息和 CentOS 8 系统的权限情况，Linux 运维工程师对用户隶属组账户进行了如下分析。

（1）该公司信息中心的黄工是信息中心主任，对系统具有完全控制权限，并且可以向其他用户账户分配用户权限和访问控制权限，还拥有服务器管理的最高权限，即 ROOT 账户，该用户账户应隶属于 ROOT 组。

（2）网络管理组由张工和李工两位工程师组成，需要对该服务器的网络服务进行相关配置和管理，负责服务器的网络管理权限。网络管理组可以更改网卡配置方面的文件，并更新和发布 TCP/IP 地址，但是两位工程师没有修改其他用户密码和结束其他用户进程的权限。Zhang 和 Li 两个用户账户应隶属于 Netadmins 组。

（3）系统管理组由赵工和宋工两位工程师组成，需要对系统进行修改、管理和维护。系统管理组需要对系统具有完全控制权限，Zhao 和 Song 两个用户账户应隶属于 ROOT 组。

（4）从信息中心的组织架构和后续权限管理需求出发，需要分别为网络管理组和系统管理组创建组账户 Netadmins 和 Sysadmins，并将组成员分别添加到各自所隶属的自定义组中。

综上所述，Linux 运维工程师对信息中心所有员工的用户账户的操作权限和系统内置组做了映射，结果如表 3-2 所示。

表 3-2　服务器系统自定义组规划表

用户账户	隶属的自定义组	权限
Zhang Li	Netadmins	网络管理 虚拟化管理
Huang Zhao Song	Sysadmins	系统管理员

因此，本任务的主要操作步骤如下所述。

（1）创建对应的用户账户。

（2）创建群组，并将对应的用户账户添加到对应群组中。

（3）设置用户账户的隶属群组，赋予用户账户适配的系统权限。

任务实施

1．创建本地组账户，并配置其隶属的系统内置组

（1）使用用户账户 ROOT，在终端界面中分别创建组账户 Netadmins 和 Sysadmins，代码如下：

```
[root@Jan16 ~]# groupadd Netadmins
[root@Jan16 ~]# groupadd Sysadmins
```

（2）在创建完成后，查看配置文件，验证两个组账户是否创建成功，代码如下：

```
[root@Jan16 ~]# cat /etc/group
Sysadmins:x:1006:
Netadmins:x:1007:
```

2．设置用户账户的隶属组账户

（1）将用户账户 Huang、Zhao 和 Song 添加到 Sysadmins 组中，并查看用户账户的组 ID 是否变更，代码如下：

```
[root@Jan16 ~]# usermod -g Sysadmins Huang
[root@Jan16 ~]# usermod -g Sysadmins Zhao
[root@Jan16 ~]# usermod -g Sysadmins Song
```

```
[root@Jan16 ~]# cat /etc/passwd
Huang:x:1001:1006:信息中心主任:/home/Huang:/bin/bash
Zhao:x:1004:1006:系统管理组:/home/Zhao:/bin/bash
Song:x:1005:1006:系统管理组:/home/Song:/bin/bash
```

（2）使用同样的方法将用户账户 Zhang 和 Li 添加到 Netadmins 组中，并查看用户账户的组 ID 是否变更，代码如下：

```
[root@Jan16 ~]# usermod -g Netadmins Zhang
[root@Jan16 ~]# usermod -g Netadmins Li
[root@Jan16 ~]# cat /etc/passwd
Zhang:x:1002:1007:网络管理组:/home/Zhang:/bin/bash
Li:x:1003:1007:网络管理组:/home/Li:/bin/bash
```

（3）将用户账户 Huang 添加到 ROOT 组中，并为用户账户 Huang 提升权限为系统管理员，使得该用户拥有对系统的完全控制权限，代码如下：

```
[root@Jan16 ~]# usermod -g root Huang
[root@Jan16 ~]# cat /etc/passwd
Huang:x:1001:0:信息中心主任:/home/Huang:/bin/bash
```

（4）修改配置文件，为用户账户 Huang 授予系统管理员的权限，使用用户账户 ROOT 修改/etc/sudoers 文件，添加对应的红色字体的权限，并使用 wq!命令进行强制保存退出，此时用户账户 Huang 已经获取用户账户 ROOT 的权限，切换到用户账户 Huang 下，可以在使用 sudo -i 命令输入密码后，去执行系统管理员拥有的权限所对应的操作，如查看/etc/sudoers 文件等。代码如下：

```
[root@Jan16 ~]# vim /etc/sudoers
## Allow root to run any commands anywhere
root    ALL=(ALL)     ALL
Huang   ALL=(ALL)    ALL
[root@Jan16 ~]# su Huang
[Huang@Jan16 root]$ sudo -i

We trust you have received the usual lecture from the local System
Administrator. It usually boils down to these three things:

    #1) Respect the privacy of others.
    #2) Think before you type.
    #3) With great power comes great responsibility.

[sudo] password for Huang:
[root@Jan16 ~]# tail -4 /etc/sudoers
# %users  localhost=/sbin/shutdown -h now

## Read drop-in files from /etc/sudoers.d (the # here does not mean a comment)
#includedir /etc/sudoers.d
```

（5）没有进行配置的用户账户无法使用 sudo -i 命令获取系统管理员的权限，代码如下：

```
[Huang@Jan16 ~]$ su - Li
Password:
[Li@Jan16 ~]$ sudo -i
[sudo] password for Li:
Li is not in the sudoers file.  This incident will be reported.
```

（6）对于用户账户 Zhang 和用户账户 Li 进行限制。允许用户账户 Zhang 可以执行/usr/bin 和/bin 目录下面的所有命令，但是为了保障系统的安全性，需要限制用户账户 Zhang 不可以修改其他用户账户的密码和“杀掉”（kill）其他用户账户的进程；用户账户 Li 可以使用/bin 目录下面的所有命令，但是不能修改其他用户账户的密码，以及不能“杀掉”（kill）其他用户账户的进程和使用 nmcli 命令。在/etc/sudoers.d 目录下使用 visudo 命令创建名称与用户名相同的策略文件并写入以下配置。代码如下：

```
[root@Jan16 ~]# visudo -f /etc/sudoers.d/Zhang
Zhang ALL=/usr/bin/,/bin/,!/usr/bin/passwd,!/bin/kill
[root@Jan16 ~]# visudo -f /etc/sudoers.d/Li
Li ALL=/bin/,!/usr/bin/passwd,!/bin/kill
```

visudo 命令用于安全地编辑/etc/sudoers 文件，该命令具有如下特点。

- 需要超级用户权限。
- 默认编辑/etc/sudoers 文件。
- /etc/sudoers 文件的默认权限是 440，即默认无法修改。
- visudo 命令可以在不更改/etc/sudoers 文件权限的情况下，直接修改/etc/sudoers 文件。
- -f，--file=sudoers：用于指定/etc/sudoers 文件的位置。

（7）将用户账户 Zhao 和 Song 添加到 ROOT 组中，代码如下：

```
[root@Jan16 ~]# usermod -g root Zhao
[root@Jan16 ~]# usermod -g root Song
[root@Jan16 ~]# cat /etc/passwd
Zhao:x:1004:0:系统管理组:/home/Zhao:/bin/bash
Song:x:1005:0:系统管理组:/home/Song:/bin/bash
```

任务验证

用户账户 Zhang 隶属 Netadmins 组，该用户账户并不具备系统管理员的权限，但是该用户账户的权限为可以使用/usr/bin 和/bin 目录下面的所有命令，而不能使用 passwd 命令去修改其他用户账户的密码，以及不能使用 kill 命令去“杀掉”（kill）其他用户账户的进程。代码如下：

```
[Zhang@Jan16 ~]$ sudo cd
[sudo] password for Zhang:
[Zhang@Jan16 ~]$
```

```
[Zhang@Jan16 ~]$ pwd
/home/Zhang
[Zhang@Jan16 ~]$ sudo kill
Sorry, user Zhang is not allowed to execute '/bin/kill' as root on Jan16.cn.
[Zhang@Jan16 ~]$ sudo passwd
Sorry, user Zhang is not allowed to execute '/bin/passwd' as root on Jan16.cn.
```

用户账户 Li 隶属 Netadmins 组，该用户账户并不具备系统管理员的权限，但是该用户账户的权限为可以使用/bin 目录下面的所有命令，而不能使用 passwd 命令去修改其他用户账户的密码，以及不能使用 kill 命令去“杀掉”（kill）其他用户账户的进程。代码如下：

```
[Li@Jan16 ~]$ su - Li
Password:
[Li@Jan16 ~]$ sudo kill
Sorry, user Li is not allowed to execute '/bin/kill' as root on Jan16.cn.
[Li@Jan16 ~]$ sudo passwd
Sorry, user Li is not allowed to execute '/bin/passwd' as root on Jan16.cn.
[Li@Jan16 ~]$ sudo nmcli
ens33: connected to ens33
        "Intel 82545EM"
        ethernet (e1000), 00:0C:29:A1:19:D8, hw, mtu 1500
        ip4 default
        inet4 192.168.47.128/24
        route4 0.0.0.0/0
        route4 192.168.47.0/24
        inet6 fe80::8fbe:52f4:8ed2:3a2b/64
        route6 fe80::/64
        route6 ff00::/8
[Li@Jan16 ~]$ sudo date
Mon Jul 27 02:41:47 EDT 2020
```

练习与实践

一、理论习题

1. CentOS 8 系统中默认的系统管理员登录账户是_____。

A．admin　　B．root　　C．supervisor　　D．administrator

2. 当需要展示 Linux 系统中某个目录的目录结构时，可以使用的命令是_____。

A．tree　　B．cd　　C．mkdir　　D．cat

3. 当需要创建一个名为/jan16/test 的目录时，可以使用的命令是_____。

A．mkdir -pv /jan16/test　　B．touch /test/jan16

C．rm -rf /jan16/test　　D．touch /jan16/test

4．新建的磁盘想要进行永久挂载，需要修改的配置文件是______。

A．/etc/fstab B．/etc/sysconfig C．/usr/local D．/dev/cdrom

5．如果想要临时修改 SELinux 的权限为允许，则需要执行的命令为______。

A．systemctl stop firewalld B．setenforce 0

C．getenforce D．nmcli connection show

二、项目实训题

实训一

1．在 CentOS 8 系统中建立本地组 STUs 和本地账户 st1、st2、st3，并将这 3 个账户添加到 STUs 组中。

2．设置账户 st1 下次登录时必须修改密码，设置账户 st2 不能更改密码且密码永不过期，停用账户 st3。

3．使用账户 root 登录计算机，在计算机用户账户和组管理界面中进行如下操作。

（1）创建用户账户 test，设置用户账户 test 隶属于 root 组。

（2）注销后使用用户账户 test 登录计算机，通过 whoami 命令记录自己的安全标识符。

（3）在桌面上创建一个文本文件，并将其命名为 test.txt。

（4）注销后重新使用账户 root 登录计算机，这时是否可以在桌面上看到刚才创建的文本文件，如果看不到应该在哪里找到它？

（5）删除用户账户 test，重新创建一个用户账户 test，注销后使用用户账户 test 登录计算机，此时是否还可以在主目录中看到刚刚创建的文本文件？这个新的用户账户 test 的安全标识符是否与原先删除的用户账户 test 的安全标识符相同？

实训二

1．项目描述

公司研发部由研发部主任赵工、软件开发组钱工和孙工、软件测试组李工和简工等 5 位工程师组成，研发部的组织架构图如图 3-5 所示。

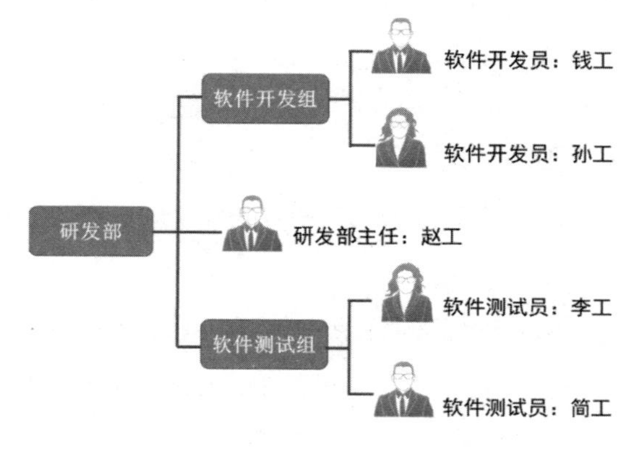

图 3-5 研发部的组织架构图

研发部为满足新开发软件产品部署的需要，特采购了一台安装有CentOS 8系统的服务器供部门进行软件部署和测试。Linux运维工程师根据员工的岗位工作需要，为每个岗位规划了相应权限。研发部员工的用户账户信息表如表3-3所示。

表3-3 研发部员工的用户账户信息表

姓名	用户账户	权限	备注
赵工	Zhao	系统管理员	研发部主任
钱工	Qian	系统管理员	软件开发组
孙工	Sun		
李工	Li	网络管理 系统备份 打印管理	软件测试组
简工	Jian		

2．项目要求

（1）根据项目描述规划研发部员工的用户账户权限、自定义组信息和用户账户隶属组关系，在完成后，填入表3-4中。

表3-4 研发部员工的用户账户和组账户权限规划表

自定义组名称	隶属系统内置组	组成员	权限

（2）根据如表3-4所示的规划，在研发部的服务器上实施（要求所有用户账户第一次登录系统时需要修改密码），并截取以下系统截图。

① 截取用户账户管理界面，并截取所有用户账户属性对话框中的隶属组选项卡界面。

② 截取组管理界面。

项目 4　CentOS 8 系统的基础配置

扫一扫
看微课

学习目标

（1）掌握企业 Linux 服务器常规的初始化配置操作。

（2）理解企业生产环境下 Linux 服务器初始化配置的标准流程。

项目描述

Jan16 公司在信息中心机房上架了一台新的应用服务器，并安装了全新的 CentOS 8 系统。为了确保服务器操作系统能安全、稳定地运行，需要为服务器上的应用创建统一的底层操作系统环境。现在需要 Linux 运维工程师对这台服务器进行初始化配置。信息中心机房新增服务器的基本信息如表 4-1 所示。

表 4-1　信息中心机房新增服务器的基本信息

配置名称	配置信息
设备名称	JX3260
超级管理员登录账户	root
超级管理员登录密码	Jan16@123

为了日后服务器配置的规范化，公司要求 Linux 运维工程师在对服务器进行初始化配置时做到如下几点。

（1）业务主机入网前需要统一基础环境，如语言、时区和键盘布局等。

（2）默认使用本地软件仓库源提供软件包。

（3）业务主机统一使用静态 IP 地址提供业务访问。

（4）业务主机需要确保系统时间的准确性。

（5）业务主机需要配置安全的远程登录访问，以便日后业务调试、日常巡检及故障修复等工作。

项目分析

根据公司需求，Linux 运维工程师需要完成 Centos 8 系统的初始化配置工作，具体有如下几个工作任务。

（1）配置系统的基本环境，完成系统日期和时间、时区、键盘布局、语言等的修订。

（2）配置系统的网络连接，将服务器接入网络并配置好安全的远程登录访问。

（3）配置系统的软件仓库源，通过国内网络软件源提供软件安装包。

（4）校准系统的时间，确保本地时间的准确性。

为了完成上述工作任务，Linux 运维工程师对服务器的基本配置信息进行了规划，如表 4-2 所示。

表 4-2 服务器的基本配置信息规划表

配置名称	配置信息
主机名	webApp03
系统时区	Asia/Shanghai
键盘布局	cn
语言	zh_CN.UTF-8
IP 地址	192.168.238.103/24
网关	192.168.238.2
DNS 服务器地址	192.168.238.2
NTP 服务器	cn.ntp.org.cn（主） ntp.aliyun.com（辅）
软件仓库源	mirrors.ustc.edu.cn

相关知识

4.1 网络连接的基本概念

1. 局域网和广域网

按照覆盖范围的不同，网络主要可以分成局域网和广域网。局域网（Local Area Network，缩写为 LAN，又称内网）主要指覆盖局部区域（如办公室或楼层）的计算机网络。广域网（Wide Area Network，缩写为 WAN，又称外网、公网）主要指连接不同地区的局域网或城域网的计算机进行通信的远程网。在一般情况下，服务器接入局域网后，可以通过路由器和防火墙等设备再接入广域网。

2. IP地址

IP地址（Internet Protocol Address，缩写为IP Address）是设备接入网络的标识。服务器通过配置IP地址与其他服务器或设备进行通信，如果没有IP地址，则将无法识别发送方和接收方。因此，IP地址除了有设备标识的功能，还有寻址功能。

目前，IP地址主要分为IPv4与IPv6 两大类。IPv4地址由4个十进制数字组成，并以“.”符号隔开，如172.16.254.1；IPv6地址由十六进制数字（转换为二进制数则是128位）组成，以“:”符号隔开，如2001:db8:0:1234:0:567:8:1。不同局域网的IP地址可以通过“子网掩码”（标识IP地址位数的十进制数字，IPv4地址最大是32位，IPv6地址是128位）进行划分，也就是我们所说的网段，如172.16.254.0/24，其中，24代表子网掩码的长度。

3. 网关

在计算机网络中，网关（Gateway）是用于转发其他服务器通信数据的设备。在一般情况下，我们也将路由器的IP地址称为网关。网关通常用于连接局域网和互联网。

4. 主机名

主机名（Hostname）就是服务器操作系统中显示的名字，其作用类似于人的名字。在一般情况下，在网络上寻找和定位一台计算机是通过IP地址来进行的，但是人类对于IP地址很难记忆。因此，人们就用易读、容易记忆、有意义的单词来代替IP地址，这就是主机名。

5. 域名系统

域名系统（Domain Name System，缩写为DNS）是将域名和IP地址相互映射的一个分布式数据库。为了实现通过主机名来定位和寻找一台计算机的目标，需要在设备中设置DNS服务器的IP地址。DNS服务器的IP地址允许与设备处于不同的网段，只要主机通过寻址到达DNS服务器即可。

在CentOS 8系统中，默认使用NetworkManager进程管理网卡的配置。用户可以通过GNOME桌面的图形界面工具Wired Connected、终端图形界面工具nmtui和终端命令行工具nmcli这3种工具来配置上述的网络配置信息。

4.2 软件源

软件源是Linux系统的应用程序安装仓库，很多的应用软件都会被收录到这个仓库里面。软件源可以是网络服务器、光盘或硬盘上的一个目录，它主要是通过/etc/yum.repos.d/目录下以“.repo”后缀结尾的文件来进行定义的。在CentOS 8系统中，可以通过yum或dnf（YUM v4版本所支持的命令）命令进行软件管理。

4.3 系统时间

服务器系统时间的准确性非常重要，特别是在对外提供应用服务的系统上，错误的时间会带来糟糕的用户体验，甚至会引起数据错误进而造成重大损失。在 CentOS 系统中，时间准确性是由 NTP 协议来确保的，该协议主要通过在系统内部运行的守护进程将系统内核的时钟信息与网络中的时钟信息进行核对。如果两者出现偏差，则以网络中的时钟信息为准，通过特定的机制来更新系统内核中运行的系统时钟。而网络中的时钟信息则被称作“时间源”。

4.4 SSH 远程登录

Secure Shell（安全外壳协议，缩写为 SSH）是一种加密的网络传输协议，可以在不安全的网络中为网络服务提供安全的传输环境。SSH 通过在网络中创建安全隧道来实现 SSH 客户端与服务器之间的连接。SSH 常见的用途是远程登录系统，人们通常利用 SSH 来传输命令行界面和远程执行命令。

在 Linux 服务器建立好网络连接后，用户便可以通过网络远程访问和管理系统。SSH 是通用的远程系统管理工具之一，它允许用户远程登录系统及执行命令。SSH 可以使用加密技术在网络中传输数据，因此具有很高的安全性。用户在网络连接畅通的情况下，可以使用 SSH 客户端连接到启用了 SSH 的主机。常用的 SSH 客户端如表 4-3 所示。

表 4-3　常用的 SSH 客户端

SSH 客户端名称	平　台	特　点
openssh-client	Linux	由 openssh 软件提供，Linux 系统自带的 SSH 客户端
putty	Windows	开源软件，免费使用，软件小巧，免安装，方便携带
xshell	Windows	商业软件，对学校、家庭使用免费，功能强大
MobaXterm	Windows	商业软件，可以免费使用，支持多种远程工具和命令

在远程连接服务器系统时，因为要涉及输入服务器的 IP 地址，以及登录的账户、密码等安全敏感信息，所以一般在部署实施远程连接，进行远程登录操作时，需要特别注意安全要素。既要对服务器进行安全加固，也要对客户端进行安全审查。

4.5 安全策略

在 Linux 系统中，提供安全策略和访问控制的主要有两大部分：防火墙和 SELinux。其中，防火墙主要保护操作系统免受外界网络流量的攻击，它允许 Linux 运维工程师通过自定义防火墙规则来控制主机接收或发送网络流量，以达到保护操作系统的目的；而 SELinux（Security-Enhanced Linux，安全增强式 Linux）是一个 Linux 内核的安全模块，主要提供操作系统内部的访问控制安全策略和防护机制。在一般情况下，为了业务系统的正常运行，Linux 运维工程师会在业务系统建设时关闭操作系统中的访问控制安全策略和防护机制。

项目实施

任务 4-1 配置系统的基本环境

任务规划

在本任务中，Linux 运维工程师需要根据服务器的基本配置信息规划表来配置系统的基本环境。本任务需要完成如下配置。

（1）配置系统的日期和时间。

（2）配置系统本地化及语言。

（3）配置系统的键盘布局。

任务实施

1. 配置系统的日期和时间

（1）通过 date 命令来确认系统当前的日期和时间。配置命令如下：

```
[root@localhost ~]# date
2020年 08月 30日 星期日 14:18:28 CST
##从上面可以看出当前系统时间为 2020年08月30日星期日的14点18分，其中，CST表示中国标准时间，现实真正的时间为16点18分，系统时间慢了4个小时
```

（2）通过 date -s 命令来修正系统当前的日期和时间为 2020 年 08 月 30 日的 16 点 18 分。配置命令如下：

```
[root@localhost ~]# date -s "2020-08-30 16:18"
2020年 08月 30日 星期日 16:18:00 CST
```

（3）date -s 命令会修改系统内核的时间，因此，为了确保系统内核的时间与硬件时钟的时间一致，需要执行 hwclock 命令进行同步。配置命令如下：

```
[root@localhost ~]# hwclock --systohc
```

（4）为了确保时区的正确性，需要通过 timedatectl 命令来修改系统当前的时区为亚洲/上海（东八区）。配置命令如下：

```
[root@localhost ~]# timedatectl  set-timezone Asia/Shanghai
```

2. 配置系统本地化及语言

（1）通过 localectl status 命令来查看系统当前的本地化设置。配置命令如下：

```
[root@localhost ~]# localectl status
System Locale: LANG=en_US.utf8   ##此处说明系统当前的本地化设置为 LANG=en_US.utf8
VC Keymap: n/a
X11 Layout: us
```

（2）通过 localectl set-locale 命令来修改系统的本地化设置为 LANG=zh_CN.UTF-8。用户也可以通过 localectl list-locales 命令来列出更多的可用本地化设置。配置命令如下：

```
[root@localhost ~]# localectl set-locale LANG=zh_CN.UTF-8
```

3. 配置系统的键盘布局

（1）通过 localectl status 命令来确认系统当前默认的键盘布局。配置命令如下：

```
[root@localhost ~]# localectl status
System Locale: LANG=zh_CN.UTF-8
VC Keymap: n/a          ##此处说明 VC 界面当前没有设定键盘布局
X11 Layout: us          ##此处说明 X11 界面当前设定的键盘布局为 us
```

（2）通过 localectl 命令将 VC 和 X11 界面的键盘布局均修改为 cn。配置命令如下：

```
[root@localhost ~]# localectl  set-keymap cn
[root@localhost ~]# localectl  set-x11-keymap cn
```

任务验证

（1）通过 timedatectl 命令来查看系统当前的日期和时间的详细信息，代码如下：

```
root@localhost ~]# timedatectl
               Local time: 日 2020-08-30 16:18:24 CST
           Universal time: 日 2020-08-30 08:18:24 UTC
                 RTC time: 日 2020-08-30 08:18:25
                Time zone: Asia/Shanghai (CST, +0800)
System clock synchronized: no
              NTP service: inactive
          RTC in local TZ: no
```

（2）通过 localectl 命令来查看系统的本地化设置、系统的键盘布局和系统的语言，代码如下：

```
[root@localhost ~]# localectl status
System Locale: LANG=zh_CN.UTF-8
VC Keymap: cn
X11 Layout: cn
```

任务 4-2　配置系统的网络连接

任务规划

在配置完服务器系统的基本环境后，Linux 运维工程师需要根据服务器的基本配置信息规划表来将服务器接入局域网中，其中涉及主机名、安全策略及网络地址信息等的配置，主要通过如下几个步骤来完成。

（1）配置服务器网络地址信息。

（2）配置服务器主机名。

（3）修改服务器安全策略。

（4）配置服务器安全远程登录。

本任务实施拓扑如图 4-1 所示。

图 4-1　任务实施拓扑

任务实施

1. 配置服务器网络地址信息

（1）通过 ip link show 命令来确认服务器网卡信息。配置命令如下：

```
[root@localhost ~]# ip link show
1: lo: <LOOPBACK,UP,LOWER_UP> mtu 65536 qdisc noqueue state UNKNOWN mode DEFAULT group default qlen 1000
   link/loopback 00:00:00:00:00:00 brd 00:00:00:00:00:00
2: ens33: <BROADCAST,MULTICAST,UP,LOWER_UP> mtu 1500 qdisc fq_codel state UP mode DEFAULT group default qlen 1000
link/ether 00:0c:29:e4:4a:86 brd ff:ff:ff:ff:ff:ff
```

从上述内容可以确认当前服务器有两个接口：1 为 lo 接口（本地环回接口）；2 为 ens33 接口，这是我们需要配置的接口，从后面的 UP,LOWER_UP 可以看出，此接口已经连接好网线，是物理上可用的状态。

（2）通过 nmcli 命令来修改 ens33 网卡的 IP 地址，这里将其设置为 192.168.238.103/24。配置命令如下：

```
[root@localhost ~]# nmcli connection modify ens33 ipv4.addresses 192.168.238.103/24
```

（3）通过 nmcli 命令来修改 ens33 网卡的默认网关，这里将其设置为 192.168.238.2。配置命令如下：

```
[root@localhost ~]# nmcli connection modify ens33 ipv4.gateway 192.168.238.2
```

（4）通过 nmcli 命令来修改 ens33 网卡的 IP 地址获取方式，这里将其设置为静态配置。配置命令如下：

```
[root@localhost ~]# nmcli connection modify ens33 ipv4.method  manual
```

（5）通过 nmcli 命令来修改 ens33 网卡的 DNS 服务器地址，这里将其设置为 114.114.114.114。配置命令如下：

```
[root@localhost ~]# nmcli connection modify ens33 ipv4.dns 114.114.114.114
```

（6）通过 nmcli 命令来激活 ens33 网卡的新配置信息。配置命令如下：

```
[root@localhost ~]# nmcli connection up ens33
```

2. 配置服务器主机名

（1）通过 hostnamectl 命令将服务器主机名配置为 webApp03。配置命令如下：

```
[root@localhost ~]# hostnamectl set-hostname webApp03
```

（2）重启命令行界面或注销后重新登录，即可使服务器主机名的配置生效，过程省略。

3. 修改服务器安全策略

（1）使用 systemctl 命令关闭防火墙服务进程，并设置为开机不自动启动。配置命令如下：

```
[root@webApp03 ~]# systemctl disable --now  firewalld.service
Removed /etc/systemd/system/multi-user.target.wants/firewalld.service.
Removed /etc/systemd/system/dbus-org.fedoraproject.FirewallD1.service.
```

（2）使用 setenforce 命令临时设置 SELinux 为宽容模式。配置命令如下：

```
[root@webApp03 ~]# setenforce 0    ##这里 0 代表宽容模式，1 则代表默认的强制模式
```

（3）使用 setenforce 命令只是临时使 SELinux 失效，如果想要永久关闭 SELinux，则需要通过 vim 编辑器来修改 SELinux 的配置文件/etc/selinux/config，将选项 SELINUX 设置为 disabled。配置命令如下：

```
[root@webApp03 ~]# vim /etc/selinux/config
##省略上下文，找到并修改为如下的内容后，保存退出即可
SELINUX=disabled
```

（4）重启操作系统，使上述配置生效。配置命令如下：

```
[root@webApp03 ~]# reboot
```

4. 配置服务器安全远程登录

（1）在运维部 PC 上打开终端命令行，并执行 ssh-keygen 命令生成 SSH 密钥对。配置命令如下：

```
[root@localhost ~]$ ssh-keygen
Generating public/private rsa key pair.
Enter file in which to save the key (/home/demo/.ssh/id_rsa):
Enter passphrase (empty for no passphrase):
Enter same passphrase again:
Your identification has been saved in /home/demo/.ssh/id_rsa.
Your public key has been saved in /home/demo/.ssh/id_rsa.pub.
The key fingerprint is:
SHA256:GvghJKIRJNVaItywANcq7EmLWy3CvW7tPYHUlEunfys root@localhost.localdomain
The key's randomart image is:
+---[RSA 3072]----+
|O+=o    .        |
|++o.+  + .       |
|+o.=. + +        |
|o=oo o +         |
|*.+.+ + S        |
|o=o..+ = . .     |
| + .o o . . .    |
|.  o ... E .     |
|  o... .. .      |
+----[SHA256]-----+
```

（2）在运维部 PC 上执行 ssh-copy-id 相关命令将 SSH 公钥上传至服务器，完成安全远程登录的配置。配置命令如下：

```
[root@localhost ~]$ ssh-copy-id -f root@192.168.238.103
/usr/bin/ssh-copy-id:    INFO:    Source    of    key(s)    to    be    installed:
"/home/demo/.ssh/id_rsa.pub"
root@192.168.238.103's password:
Number of key(s) added: 1
Now try logging into the machine, with:   "ssh 'root@192.168.238.103'"
and check to make sure that only the key(s) you wanted were added.
```

任务验证

（1）通过 ip addr show 命令来查看网卡的 IP 地址信息，应能查看到 IP 地址已经生效，代码如下：

```
[root@webApp03 ~]# ip addr show ens33
```

```
2: ens33: <BROADCAST,MULTICAST,UP,LOWER_UP> mtu 1500 qdisc fq_codel state UP group
default qlen 1000
    link/ether 00:0c:29:e4:4a:86 brd ff:ff:ff:ff:ff:ff
    inet 192.168.238.103/24 brd 192.168.238.255 scope global noprefixroute ens33
##省略显示部分内容##
```

（2）通过 ip route show 命令来查看系统默认的网关地址，应能查看到配置正确，代码如下：

```
[root@webApp03 ~]# ip route show default
default via 192.168.238.2 dev ens33 proto static metric 100
```

（3）通过 cat 命令来查看 DNS 服务器的配置文件/etc/resolv.conf，应能查看到配置文件中 nameserver 的值为 114.114.114.114，代码如下：

```
[root@webApp03 ~]# cat /etc/resolv.conf
# Generated by NetworkManager
nameserver 114.114.114.114
```

（4）通过 hostname 命令来查看配置好的主机名，代码如下：

```
[root@webApp03 ~]# hostname
webApp03
```

（5）通过 systemctl 命令来查看防火墙服务的状态，应能查看到防火墙服务的状态为 inactive (dead)，代码如下：

```
[root@webApp03 ~]# systemctl status firewalld
firewalld.service - firewalld - dynamic firewall daemon
   Loaded: loaded (/usr/lib/systemd/system/firewalld.service; disabled; vendor preset:>
   Active: inactive (dead)
     Docs: man:firewalld(1)
```

（6）查看 SELinux 的状态，代码如下：

```
[root@webApp03 ~]# getenforce
Disabled
```

（7）在运维部 PC 上使用 ssh 相关命令进行 SSH 安全远程登录测试，在登录时应免输密码，代码如下：

```
[root@localhost ~]$ ssh root@192.168.238.103
Activate the web console with: systemctl enable --now cockpit.socket
Last login: Wed Sep  2 16:08:36 2020
[root@webApp03 ~]$
```

任务 4-3　配置系统的软件仓库源

任务规划

在服务器连接上网络后，服务器应能正常上网。接下来 Linux 运维工程师为了服务器能更加快速地获取软件包，需要配置系统软件仓库源为国内软件仓库源，其中涉及如下几个步骤。

（1）备份并移除原软件仓库源配置文件。

（2）创建国内软件仓库源配置文件。

（3）建立软件仓库源的缓存。

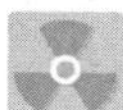

任务实施

1．备份并移除原软件仓库源配置文件

（1）通过 mkdir 命令来创建备份原软件仓库源配置文件的目录，这里创建的目录名为 backup。配置命令如下：

```
[root@webApp03 ~]# mkdir /etc/yum.repos.d/backup
```

（2）通过 mv 命令将原软件仓库源配置文件移动到 backup 目录下，以作备份。配置命令如下：

```
[root@webApp03 ~]# mv /etc/yum.repos.d/*.repo /etc/yum.repos.d/backup
```

2．创建国内软件仓库源配置文件

（1）在服务器中创建 AppStream 的软件仓库源，该软件仓库源主要用于提供用户空间所使用的第三方软件程序包。配置命令如下：

```
[root@webApp03 ~]# vi /etc/yum.repos.d/AppStream.repo
[AppStream]
name=AppStream
baseurl=https://mirrors.ustc.edu.cn/centos/8/AppStream/x86_64/os/
gpgcheck=0
enabled=1
```

（2）在服务器中创建 BaseOS 的软件仓库源，该软件仓库源主要用于提供操作系统所需的底层软件程序包。配置命令如下：

```
[root@webApp03 ~]# vi /etc/yum.repos.d/BaseOS.repo
[BaseOS]
name=BaseOS
baseurl=https://mirrors.ustc.edu.cn/centos/8/BaseOS/x86_64/os/
gpgcheck=0
enabled=1
```

（3）在服务器中创建 Extras 的软件仓库源，该软件仓库源主要用于提供 CentOS 系统的扩展应用程序包。配置命令如下：

```
[root@webApp03 ~]# vi /etc/yum.repos.d/Extras.repo
[Extras]
name=Extras
baseurl=https://mirrors.ustc.edu.cn/centos/8/extras/x86_64/os/
gpgcheck=0
enabled=1
```

3．建立软件仓库源的缓存

（1）清空原软件仓库源的缓存信息。配置命令如下：

```
[root@webApp03 ~]# yum clean all
```

（2）通过 yum makecache 命令来建立软件仓库源的缓存列表。配置命令如下：

```
[root@webApp03 ~]# yum makecache
AppStream                                 1.2 MB/s | 5.8 MB     00:04
BaseOS                                    653 kB/s | 2.2 MB     00:03
Extras                                    3.3 kB/s | 8.1 kB     00:02
元数据缓存已建立。
```

任务验证

通过 yum repolist 命令来列出当前已配置的软件仓库源信息，代码如下：

```
[root@webApp03 ~]# yum repolist
上次元数据过期检查：0:01:58 前，执行于 2020 年 08 月 30 日 星期日 16 时 50 分 18 秒。
仓库标识                      仓库名称                                状态
AppStream                     AppStream                               4,935
BaseOS                        BaseOS                                  1,673
Extras                        Extras                                  27
```

任务 4-4　校准系统的时间

任务规划

为了进一步确保服务器系统时间的准确性，Linux 运维工程师需要为服务器配置 NTP 时间源，其中涉及的步骤如下所述。

（1）部署 Chrony 时间同步服务。

（2）修改 Chrony 服务主配置文件。

（3）启动 Chrony 服务。

任务实施

1. 部署 Chrony 时间同步服务

通过 yum 命令来安装 Chrony 软件。配置命令如下：

```
[root@webApp03 ~]# yum install chrony
```

2. 修改 Chrony 服务主配置文件

通过 vim 命令来编辑配置文件/etc/chrony.conf，添加预先规划好的 NTP 时间源服务器记录。配置命令如下：

```
[root@webApp03 ~]# vim /etc/chrony.conf
# pool 2.centos.pool.ntp.org iburst
server cn.ntp.org.cn iburst
server ntp.aliyun.com iburst
```

3. 启动 Chrony 服务

通过 systemctl 命令来启动 Chrony 服务的守护进程，并设置为开机自动启动。配置命令如下：

```
[root@webApp03 ~]# systemctl start chronyd
[root@webApp03 ~]# systemctl enable chronyd
Created    symlink    /etc/systemd/system/multi-user.target.wants/chronyd.service    →
/usr/lib/systemd/system/chronyd.service.
```

任务验证

（1）如果开启的 NTP 时间同步，则无法手动配置系统时间，代码如下：

```
[root@webApp03 ~]# timedatectl  set-time  "16:00"
Failed to set time: NTP unit is active
```

（2）通过 timedatectl status 命令应能查看到时钟的状态为系统时间已同步，代码如下：

```
[root@webApp03 ~]# timedatectl status
               Local time: Wed 2020-08-30 17:20:57 CST
           Universal time: Wed 2020-08-30 09:20:57 UTC
                 RTC time: Wed 2020-08-30 09:20:57
                Time zone: Asia/Shanghai (CST, +0800)
System clock synchronized: yes
              NTP service: active
          RTC in local TZ: no
```

（3）通过 chronyc sources -v 命令应能查看到系统时间源有两个，代码如下：

```
[root@localhost ~]# chronyc sources -v
210 Number of sources = 2
```

```
MS Name/IP address      Stratum Poll Reach  LastRx    Last sample
===============================================================================
^- time5.aliyun.com        2      6    17     3      +4240us[+4240us]  +/-    24ms
^* 203.107.6.88            2      6    17     4      +175us[-2557us]   +/-    32ms
```

练习与实践

一、理论习题

1．以下哪项不是 CentOS 8 系统的软件安装命令？（　　）

A．rpm　　B．yum　　C．apt　　D．dnf

2．CentOS 8 系统默认使用以下哪个服务进程进行时间同步？（　　）

A．ntpdate　　B．ntpd　　C．chronyd　　D．timedatectl

3．以下哪种情况不是造成 Linux 主机 A 无法 ping 通 Linux 主机 B 的原因？（　　）

A．主机 A 和主机 B 在同一局域网中，主机 A 和主机 B 都没有配置网关。

B．主机 A 和主机 B 在不同局域网中，主机 B 没有配置网关。

C．主机 A 和主机 B 在同一局域网中，主机 A 没有执行 nmcli connection ens33 up 命令。

D．主机 A 和主机 B 在不同局域网中，主机 A 的网关上没有去往主机 B 的路由。

4．主机 A 和主机 B 执行的命令记录如下所示，说法正确的是（　　）。

```
[root@hostA ~]# ssh-keygen
[root@hostA ~]# ssh-copy-id hostB
[root@hongB ~]# vim /etc/chrony.conf
# pool 2.centos.pool.ntp.org iburst
server hostA iburst
[root@hongB ~]# systemctl start chronyd
```

A．主机 B 能免密登录主机 A。

B．主机 A 和主机 B 能互相免密登录。

C．主机 A 只有一个时间同步源，时间源是主机 B。

D．主机 B 只有一个时间同步源，时间源是主机 A。

5．主机 A 的某配置信息如下所示，说法正确的是（　　）。

```
TYPE=Ethernet
BOOTPROTO=dhcp
NAME=ens33
DEVICE=ens33
ONBOOT=no
```

A．这是主机 A 上名为 ifcfg-ens33 的网卡配置文件，对应的设备的名称为 ens33。

B．在主机 A 重启后，ens33 网卡还会获取 IP 地址。

C．主机 A 使用的是静态 IP 地址。

D．此配置文件中还缺少 IPADDR、NETMASK、GATEWAY 等配置项和参数。

二、项目实训题

Jan16 公司上架了多台 Linux 服务器，Linux 运维工程师需要根据配置要求，初始化各设备操作系统。项目实施拓扑图如图 4-2 所示，各设备的配置要求如表 4-4 所示。

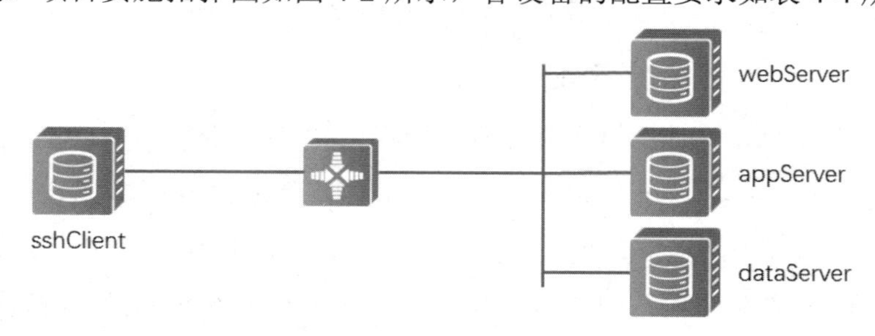

图 4-2　项目实施拓扑图

表 4-4　各设备的配置要求

序　　号	设　　备	主　机　名	IP 地址	安 装 应 用
1	webServer	Jan16-web	192.168.238.201/24	httpd
2	appServer	Jan16-app	192.168.238.202/24	php
3	dataServer	Jan16-data	192.168.238.203/24	mariadb
4	sshClient	Jan16-ssh	192.168.238.101/24	openssh-clients

根据如表 4-4 所示的内容，在各设备上进行配置，并按照以下要求截图。

（1）分别在 4 台设备上截取执行 hostname 命令查看主机名的结果。

（2）分别截取在 4 台设备上成功安装应用的结果。

（3）在设备 webServer 上使用 ping 命令测试其与其他 3 台设备之间的连通性并截图。

（4）实现设备 sshClient 可以通过免输入密码的方式远程登录其他 3 台设备，并截取免密登录成功的结果。

项目 5　企业内部数据存储与共享

学习目标

（1）掌握企业 Linux 服务器实现内部数据存储与共享的方式。

（2）掌握企业 Samba 服务器用户认证方式。

（3）理解企业生产环境下 Samba 服务器配置的标准流程。

项目描述

Jan16 公司的大多数员工使用 Windows 系统，部分技术人员使用 Linux 系统或 macOS 系统。由于 Windows 系统、Linux 系统与 macOS 系统使用的是不同的文件系统格式，因此导致员工之间在进行文件资源的共享时存在障碍。为了解决此问题，公司将在已经安装好 CentOS 8 系统的服务器上部署公司内部的数据存储与共享服务器，以实现跨平台的文件共享。该数据存储与共享服务器的基本信息如表 5-1 所示。

表 5-1　数据存储与共享服务器的基本信息

配 置 名 称	配 置 信 息
设备名	JX3261
CPU	2 核心 2 线程
内存	2G
存储	100G
主机名	fileServer01
IP 地址	192.168.238.104/24

根据调研，Jan16 公司希望不同部门、不同职级的员工享有不同的资源访问或写入权限。在建设数据存储与共享服务器时，具体需求如下所述。

（1）设置用于所有员工临时存放和交换文件的公共目录，所有人都能上传和下载公共目录中的文件，但是每个人只能删除自己上传的文件，不能删除其他人上传的文件。

（2）设置用于管理部发布各类通知/公告文件的目录，所有登录用户都可以访问，但是只有管理部的人员可以上传和删除文件。

（3）设置用于保存与财务相关的文件的目录，只允许财务部的人员访问，并且只有财务主管可以上传和删除文件，其他人无访问权限。

项目任务实施网络拓扑如图 5-1 所示。

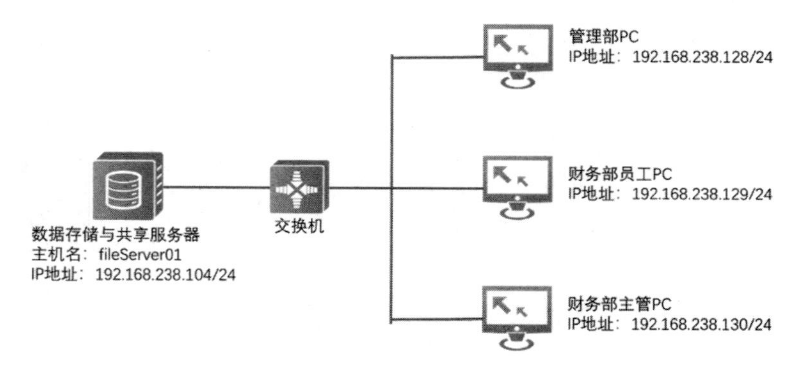

图 5-1　项目任务实施网络拓扑

项目分析

根据 Jan16 公司的文件共享需求，Linux 运维工程师需要在数据存储与共享服务器 fileServer01 上部署 Samba 服务器。通过创建相应的目录来作为共享目录，并为各个部门的员工新建 Samba 服务器登录用户账户，然后结合 Samba 服务器中的用户访问权限管理和 Linux 文件系统的权限管理的技术，最终实现员工访问共享文件的权限控制。

综上所述，Linux 运维工程师需要完成如下两个任务。

（1）共享文件及权限的配置。

（2）配置 Samba 服务器的用户共享。

Linux 运维工程师对公司部分员工的用户账户信息和文件共享资源的规划分别如表 5-2 和表 5-3 所示。

表 5-2　公司部分员工的用户账户信息规划

员工姓名	所属部门	用户账户	账户所属组	用户密码
张林	管理部	zhanglin	guanli	Jan16@111
马骏	财务部	majun	caiwu	Jan16@221
陈锋	财务部（主管）	chenfeng	caiwu	Jan16@222

表 5-3 文件共享资源规划

共享名	详细路径	文件属主	文件属组	文件权限	可读用户	可写用户
公共	/share/public	root	root	1777	所有用户	所有用户
管理	/share/management	root	guanli	775	所有用户	guanli 组
财务	/share/financial	chenfeng	caiwu	750	caiwu 组	chenfeng

相关知识

5.1 Linux 文件权限

通过文件权限来控制用户对文件的访问。Linux 文件权限系统不仅简单而又灵活，易于理解和应用，还可以轻松地处理常见的权限情况。

文件只具有 3 个应用权限的用户类别。文件归用户所有，通常是创建文件的用户。文件还归单个组所有，通常是创建该文件的主要用户组所有，但是可以进行更改。可以为所属用户、所属组及系统上非用户和非所属组成员的其他用户设置不同的权限。因此，用户权限覆盖组权限，从而覆盖其他权限。

只有 3 种权限可以应用：读取、写入和执行。这些权限对访问文件和目录的影响如表 5-4 所示。

表 5-4 权限对访问文件和目录的影响

权限	对文件的影响	对目录的影响
r（读取）	可以读取文件的内容	可以列出目录的内容（文件名）
w（写入）	可以更改文件的内容	可以创建或删除目录中的任一文件
x（执行）	可以作为命令执行文件	可以访问目录的内容（取决于目录中文件的权限）

与 NTFS 权限不同，Linux 权限仅适用于设置了 Linux 权限的文件或目录。目录中的子目录和文件不会自动继承目录的权限，但是，目录的权限可能会有效地阻止对其内容的访问。在每个文件或目录上可以直接设置 Linux 文件系统中的所有权限。

5.2 Samba 服务

CentOS 8 系统中的 Samba 服务提供了在 UNIX/Linux 系列的操作系统中与 Windows 系统通过网络进行资源共享的功能。Samba 不仅可以作为独立的服务器共享文件和打印机，还可以集成 Windows Server 系统的域功能，作为域控制器（Domain Controller）及加入 Active

Directory 成员。

Samba 提供如下的子服务。

（1）smb：使用 SMB 协议提供文件共享和打印服务。smb 服务还负责资源锁定和验证连接的用户的工作。smb 服务可以启动和停止 systemd 进程。

（2）nmb：使用基于 IPv4 地址的 NetBIOS 协议提供主机名和 IP 解析服务。除了名称解析，nmb 服务还允许浏览 SMB 网络来查找域、工作组、主机和打印机等信息。

5.3 Samba 服务常用配置文件及参数解析

1. Samba 服务的主配置文件/etc/samba/smb.conf

（1）全局配置（global）。全局配置参数及作用如表 5-5 所示。

表 5-5 全局配置参数及作用

全局配置参数	作　用
Workgroup = MYGROUP	设置工作组名称
Server string = Samba Server Version %v	SMB 服务器描述字段，参数%v 为 SMB 版本号
max connections = 0	指定连接 SMB 服务器的最大连接数，如果超出连接数目，则新的连接请求将被拒绝，0 表示不限制
log file = /var/log/samba/log.%m	定义日志文件的存放位置和名称，参数%m 表示到访的客户端主机名
max log size = 50	日志文件的最大容量为 50KB
security = user	Samba 作为独立服务器选项，指定 Samba 服务器使用的安全级别，默认为 user，用户访问 Samba 服务器需要提供用户名和密码
security = share	用户访问 SMB 服务器不需要提供用户名和口令，安全性差
security = server	使用独立的远程主机来验证来访主机提供的密码（几种管理账户），如果认证失败，则 Samba 服务器将使用用户级安全模式来作为替代的方式
security = domain	域安全级别，使用主域控制器（PDC）来完成认证
passdb backend = tdbsam	设置 Samba 用户密码的存放方式，使用数据库文件来建立用户数据库
passwd backend = smbpasswd	使用 smbpasswd 命令为系统用户设置访问 Samba 服务器的密码
passwd backend = ldapsam	使用基于 LDAP 的用户账户管理方式来验证用户
smb passwd file = /etc/samba/smbpasswd	定义 Samba 用户的密码文件
load printers = yes	设置 Samba 服务器在启动时是否共享打印机设备
cups options = raw	打印机选项

（2）共享配置（home）。共享配置参数及作用如表 5-6 所示。

表 5-6　共享配置参数及作用

参　数	作　用
comment = Home Directories	用户个人主目录设置
browseable = no	是否允许其他用户浏览个人主目录，出于安全性考虑，建议设置为禁止
writable = yes	是否允许写入主目录
create mask = 0700	默认创建文件的权限
directory mask = 0700	默认创建目录的权限
valid users = %S, %D%w%S	设置可以访问的用户名单
read only = No	只允许可读权限，默认为否
path = /usr/local/samba	实际访问资源的物理路径
guest ok = yes	匿名用户可以访问
public = yes	是否允许目录共享，如果设置为 yes，则表示共享此目录
write list = @user	拥有读取和写入权限的用户和组（以@开头）
printable = yes	是否允许打印

2．/etc/samba/lmhosts

NetBIOS name 与主机 IP 地址对应列表。Samba 服务器在启动时会自动获取局域网内的相关信息，一般不进行配置。

3．/etc/samba/smbpasswd

在 Samba 服务器发布共享资源后，客户端访问 Samba 服务器，需要提交用户名和密码进行身份验证，在验证合格后才可以登录。Samba 服务器为了实现客户端身份验证功能，将用户名和密码信息存放在/etc/samba/smbpasswd 文件中，当客户端访问时，将客户端提交的资料与/etc/samba/smbpasswd 文件中存放的信息进行比对，如果相同，并且 Samba 服务器的其他安全设置允许，则客户端与 Samba 服务器的连接才能建立成功。这个文件默认不存在，需要手动进行创建和配置。

4．/usr/share/doc/samba-<version>

Samba 技术手册，记录 Samba 服务器版本及使用方法的相关文档。

5．日志文件

Samba 服务器的日志文件默认存放在/var/log/samba 目录中，其中 Samba 服务器会为每台连接到 Samba 服务器的计算机分别建立日志文件。使用 ls -a /var/log/samba 命令可以查看日志的所有文件。

在客户端通过网络访问 Samba 服务器后，会自动添加客户端的相关日志。所以，Linux 运维工程师可以根据这些文件来查看用户的访问情况和服务器的运行情况。另外，当 Samba 服务器工作异常时，也可以通过/var/log/samba 目录下的日志文件进行分析。

项目实施

任务 5-1　共享文件及权限的配置

任务规划

Linux 运维工程师已经对服务器进行了初始化操作，为了完成公司内部数据存储与共享服务器的部署，首先需要配置需共享的文件及权限。根据总体规划，本任务涉及如下几个步骤。

（1）创建用户账户及组。

（2）创建共享目录。

（3）修改共享目录权限。

任务实施

1. 创建用户账户及组

（1）创建 guanli 组和 caiwu 组。配置命令如下：

```
[root@fileServer01 ~]# groupadd guanli
[root@fileServer01 ~]# groupadd caiwu
```

（2）创建各部门员工的用户账户，并为各个用户账户分配所属的组。配置命令如下：

```
[root@fileServer01 ~]# useradd -M -s /sbin/nologin -g guanli zhanglin
[root@fileServer01 ~]# useradd -M -s /sbin/nologin -g caiwu majun
[root@fileServer01 ~]# useradd -M -s /sbin/nologin -g caiwu chenfeng
```

（3）为各部门员工的用户账户配置密码。配置命令如下：

```
[root@fileServer01 ~]# echo Jan16@111 |passwd --stdin zhanglin
[root@fileServer01 ~]# echo Jan16@221 |passwd --stdin majun
[root@fileServer01 ~]# echo Jan16@222 |passwd --stdin chenfeng
```

2. 创建共享目录

（1）创建具体路径为/share/public 的目录。配置命令如下：

```
[root@fileServer01 ~]# mkdir -p /share/public
```

（2）创建具体路径为/share/management 的目录。配置命令如下：

```
[root@fileServer01 ~]# mkdir -p /share/management
```

（3）创建具体路径为/share/financial 的目录。配置命令如下：

```
[root@fileServer01 ~]# mkdir -p /share/financial
```

3. 修改共享目录权限

（1）配置/share/public 目录权限为1777。配置命令如下：

```
[root@fileServer01 ~]# chmod 1777 /share/public/
```

（2）配置/share/management 目录权限为775，并将目录所属组设置为 guanli 组。配置命令如下：

```
[root@fileServer01 ~]# chmod 775 /share/management
[root@fileServer01 ~]# chgrp guanli /share/management
```

（3）配置/share/caiwu 目录权限为750，并将目录所属主和所属组分别设置为 chenfeng 和 caiwu 组。配置命令如下：

```
[root@fileServer01 ~]# chmod 750 /share/financial
[root@fileServer01 ~]# chown chenfeng:caiwu /share/financial
```

任务验证

（1）在数据存储与共享服务器中切换目录路径为/share/，并使用 ls -la 命令查看各共享目录的文件权限信息，应能查看到文件权限设置成功，代码如下：

```
[root@fileServer01 ~]# cd /share/
[root@fileServer01 share]# ls -la
drwxr-x--- 2 chenfeng caiwu  4096 Oct  9 09:31 financial
drwxrwxr-x 2 root     guanli 4096 Oct  9 09:31 management
drwxrwxrwt 2 root     root   4096 Oct  9 09:31 public
```

（2）在数据存储与共享服务器中使用 cat /etc/passwd 命令查看系统中所有用户账户的信息，应能查看到创建好的用户账户的信息，代码如下：

```
[root@fileServer01 ~]# cat /etc/passwd
##省略显示部分内容##
zhanglin:x:1000:1000::/home/zhanglin:/sbin/nologin
majun:x:1001:1001::/home/majun:/sbin/nologin
chenfeng:x:1002:1001::/home/chenfeng:/sbin/nologin
```

（3）在数据存储与共享服务器中使用 cat /etc/group 命令查看系统中所有组的信息，应能查看到创建好的组的信息，代码如下：

```
[root@fileServer01 ~]# cat /etc/group
##省略显示部分内容##
guanli:x:1000:
caiwu:x:1001:
```

任务 5-2　配置 Samba 服务器的用户共享

任务规划

在任务 5-1 中，Linux 运维工程师已经创建并设置了共享目录的所属主、所属组和文件权限等配置信息，为数据存储和共享服务器的部署提供了基础准备。接下来，Linux 运维工程师需要在服务器上部署并配置 Samba 服务，其中涉及如下几个步骤。

（1）部署 Samba 服务。

（2）修改 Samba 服务主配置文件的参数。

（3）启动 Samba 服务。

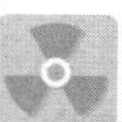

任务实施

1．部署 Samba 服务

通过 YUM 工具来安装 Samba 服务。配置命令如下：

```
[root@fileServer01 ~]# yum install -y samba
```

2．修改 Samba 服务主配置文件的参数

（1）通过 vim 命令来编辑 Samba 服务的主配置文件，修改 Samba 服务的全局配置参数并添加共享条目配置。配置命令如下：

```
[root@fileServer01 ~]# vim /etc/samba/smb.conf
[global]
        workgroup = jan16
        netbios name = fileServer01
        security = user
        log file = /var/log/samba/%m.log
        log level = 1
[公共]
        comment = Public Directory
        path = /share/public
        public = yes
        writeable = yes
[管理]
        comment = Management Directory
        path = /share/management
        public = yes
        write list = @guanli
[财务]
        comment = Financial Directory
        path = /share/financial
```

```
    public = no
    valid users = @caiwu
    write list = chenfeng
```

（2）将各部门员工的用户账户添加到 Samba 数据库中并设置密码。配置命令如下：

```
[root@fileServer01 ~]# smbpasswd -a zhanglin
New SMB password:
Retype new SMB password:
Added user zhanglin.
[root@fileServer01 ~]# smbpasswd -a majun
New SMB password:
Retype new SMB password:
Added user majun.
[root@fileServer01 ~]# smbpasswd -a chenfeng
New SMB password:
Retype new SMB password:
Added user chenfeng.
```

（3）启动添加到 Samba 数据库中的用户账户。配置命令如下：

```
[root@fileServer01 ~]# smbpasswd -e zhanglin
Enabled user zhanglin.
[root@fileServer01 ~]# smbpasswd -e majun
Enabled user majun.
[root@fileServer01 ~]# smbpasswd -e chenfeng
Enabled user chenfeng.
```

3. 启动 Samba 服务

（1）通过 testparm 命令来检验 Samba 服务主配置文件的正确性。配置命令如下：

```
[root@fileServer01 ~]# testparm
Load smb config files from /etc/samba/smb.conf
Loaded services file OK.
Weak crypto is allowed
Server role: ROLE_STANDALONE

Press enter to see a dump of your service definitions
```

（2）通过 systemctl 相关命令来启动 Samba 服务，并设置为开机自动启动。配置命令如下：

```
[root@fileServer01 ~]# systemctl start smb
[root@fileServer01 ~]# systemctl enable smb
```

任务验证

（1）在公司管理部员工 PC 上使用文件管理器打开\\192.168.238.104 路径，将弹出密码登录框，在输入用户账户 zhanglin 和正确密码后应可以登录成功，并看到“公共”和“管理”两个文件夹，如图 5-2 所示。

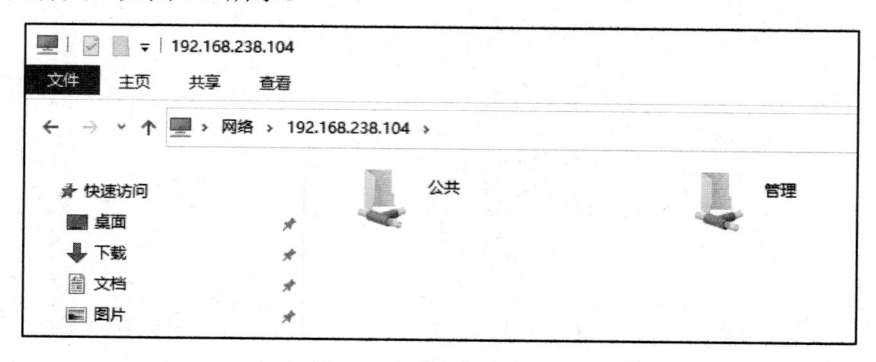

图 5-2　用户账户 zhanglin 登录成功

（2）使用公司财务部员工 PC 访问\\192.168.238.104，通过输入用户账户 majun 和对应密码可以登录成功，并且查看到“公共”、“管理”和“财务”等 3 个文件夹。但由于 majun 是普通用户账户，对“管理”和“财务”这两个文件夹都没有写入权限，因此在写入文件时将会报错，如图 5-3 和图 5-4 所示。

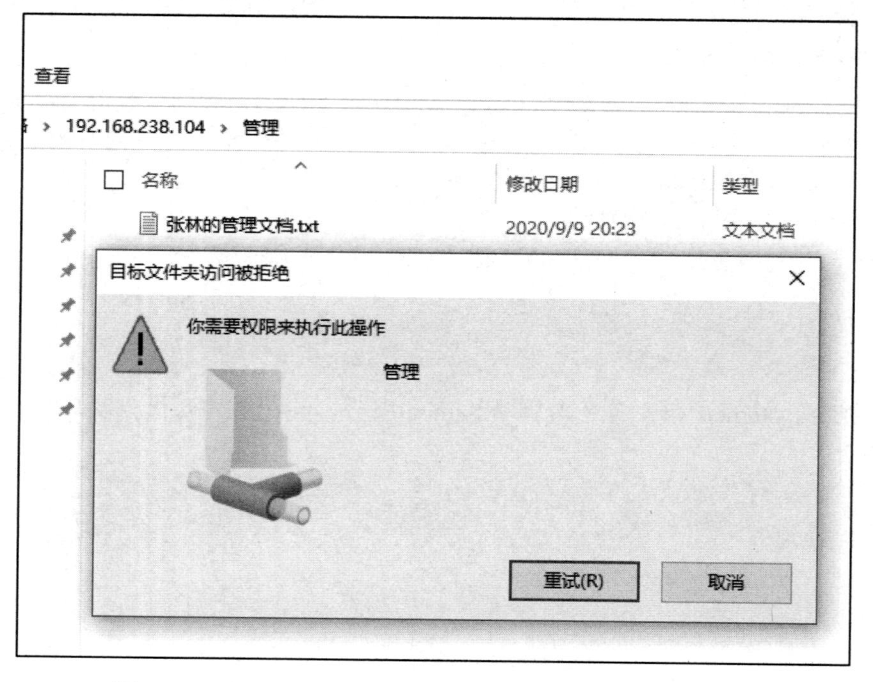

图 5-3　用户账户 majun 可以访问“管理”文件夹但写入失败

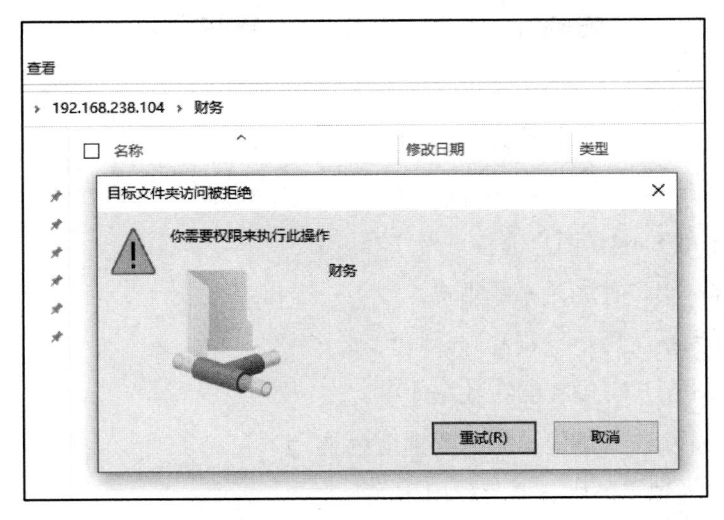

图 5-4 用户账户 majun 可以访问“财务”文件夹但写入失败

（3）使用财务部主管 PC 访问\\192.168.238.104，通过输入用户账户 chenfeng 和对应密码登录，应能成功访问“公共”、“管理”和“财务”等 3 个文件夹，并且能在“财务”文件夹中写入成功，如图 5-5 所示。

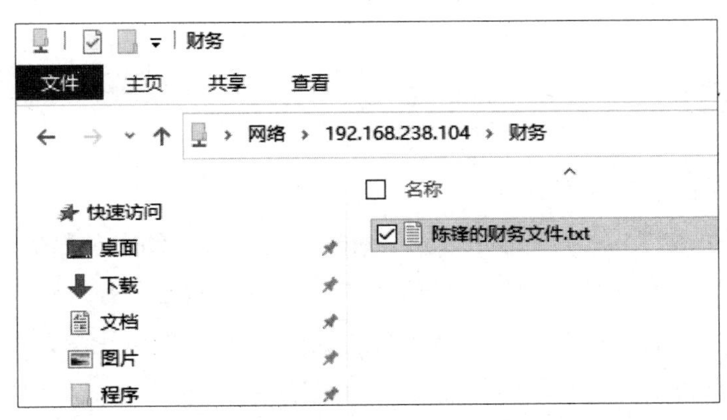

图 5-5 用户账户 chenfeng 成功访问“财务”文件夹且写入成功

练习与实践

一、理论习题

1. 在某 Linux 系统的主机中，config 的文件目录权限如下所示，说法正确的是（　　）。

```
drwxr-x--- 2 liming config  4096 Oct  9 09:31 config
```

A．此目录的所属主是 config。

B．如果用户账户 xiaosan 属于 config 组，那么以此用户身份可以向目录中写入文件。

C．如果用户账户 xiaosi 属于 manage 组，那么以此用户身份可以向目录中写入文件。

D．用户账户 liming 可以在目录中写入文件。

2．下列哪项不是 Samba 的服务？（　　）

A．smb　　B．nmb　　C．winbindd　　D．nmap

3．用于管理 Samba 服务程序的独立账户信息数据库的命令是（　　）。

A．pdbedit　　B．smbpasswd　　C．smbclient　　D．smbstatus

4．下列哪些是 Samba 用户的特点？（　　）

A．Samba 用户首先是系统用户。

B．必须为系统用户设置密码。

C．Samba 用户可以存储在数据库中。

D．Samba 用户必须能从服务器本地登录。

5．Samba 作为独立的服务器可以用于（　　）。

A．Linux 系统与 Windows 系统进行文件共享

B．Linux 系统与 Linux 系统进行文件共享

C．UNIX 系统与 Windows 系统进行文件共享

D．共享网络打印机

二、项目实训题

Jan16 公司规划在文件共享服务器上新增一个文档归档的共享目录/share/archive，要求如下所示。

（1）共享目录的名称为“归档”。

（2）创建 3 个用户 user01、user02 和 user03，设置用户都能通过输入用户名和对应密码的方式登录共享目录并上传文件，密码为自定义密码。查看并截图显示。

（3）设置用户 user01 能够查看和删除所有人的文件；用户 user02 只能查看和删除自己的文件，不能查看和删除别人的文件；用户 user03 只能上传文件，不能查看和删除任何文件。验证并截图显示。

（4）限制用户 user02 在共享目录中最多可以创建 3 个文件。验证并截图显示。

（5）其他人不能访问共享目录。验证并截图显示。

项目 6　部署企业的 DHCP 服务

扫一扫
看微课

学习目标

（1）了解 DHCP 的概念、应用场景和优势。

（2）熟悉 DHCP 服务的工作原理和应用。

（3）掌握 DHCP 中继代理服务的原理与应用。

（4）掌握企业网 DHCP 服务的部署与实施、DHCP 服务的日常运维与管理。

（5）掌握 DHCP 常见故障检测与排除的业务实施流程和职业素养。

项目描述

Jan16 公司初步建立了企业网络，并将计算机接入企业网中。在网络管理过程中，Linux 运维工程师经常需要为内部计算机配置 IP 地址、网关和 DNS 等 TCP/IP 参数。由于公司计算机数量多，并且还有大量的移动计算机，因此公司希望能尽快部署一台 DHCP 服务器，以实现企业网计算机 IP 地址、网关和 DNS 等 TCP/IP 参数的自动配置，从而提高网络管理与维护效率。公司网络拓扑如图 6-1 所示。

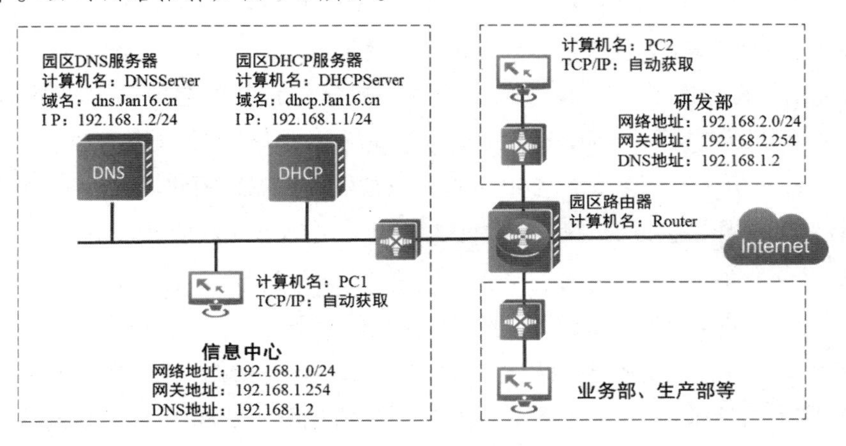

图 6-1　公司网络拓扑

DHCP 服务器和 DNS 服务器均部署在信息中心，为了有序推进 DHCP 服务项目的部署，公司希望首先在信息中心实现 DHCP 服务的部署，待稳定后再推行到其他部门，并做好 DHCP 服务器的日常运维与管理工作。

项目分析

客户端 IP 地址、网关和 DNS 等参数都属于 TCP/IP 参数，DHCP（Dynamic Host Configuration Protocol，动态主机配置协议）协议是专门用于为 TCP/IP 网络中的主机自动分配 TCP/IP 参数的协议。通过在网络中部署 DHCP 服务，不仅可以实现客户端 TCP/IP 参数的自动分配，还可以对网络的 IP 地址进行管理。

公司在部署 DHCP 服务时，通常先在一个部门做小范围实施，在成功后再扩散到整个园区。因此，本项目可以通过以下工作任务来完成，具体如下所述。

（1）部署 DHCP 服务，实现信息中心客户端接入局域网。

（2）配置 DHCP 作用域，实现信息中心客户端访问外网。

（3）配置 DHCP 中继代理服务，实现所有部门客户端自动配置网络信息。

（4）DHCP 服务器的日常运维与管理。

相关知识

6.1 DHCP 的概念

假设 Jan16 公司共有 200 台计算机需要配置 TCP/IP 参数，如果使用手动配置的方式，配置每台计算机需要耗费 2 分钟，则一共需要耗费 400 分钟，而如果某些 TCP/IP 参数发生变化，则上述工作将会重复。在为公司计算机手动配置完 TCP/IP 参数后的一段时间，如果还有一些移动计算机需要接入，则 Linux 运维工程师还必须从未被使用的 IP 地址中分配 IP 地址给这些移动计算机，但问题是哪些 IP 地址是未被使用的呢？因此，Linux 运维工程师还必须对 IP 地址进行管理，登记已分配 IP 地址、未分配 IP 地址和到期 IP 地址等 IP 地址信息。

这种手动配置 TCP/IP 参数的工作非常烦琐且效率低下，而 DHCP 协议可以很好地解决这个问题，因为 DHCP 协议是专门用于为 TCP/IP 网络中的主机自动分配 TCP/IP 参数的协议。DHCP 客户端在初始化网络配置信息（如启动操作系统、手动接入网络等）时会主动向 DHCP 服务器请求 TCP/IP 参数，DHCP 服务器在收到 DHCP 客户端的请求信息后，会将 Linux 运维工程师预设的 TCP/IP 参数发送给 DHCP 客户端，DHCP 客服端从而自动获得相关网络配置信息（如 IP 地址、子网掩码和默认网关等）。

1. DHCP 协议的应用场景

在实际工作中，通常在下列情况中采用 DHCP 协议来自动分配 TCP/IP 参数。

（1）网络中的计算机较多，手动配置的工作量很大，因此需要采用 DHCP 协议。

（2）当网络中的计算机多而 IP 地址的数量不足时，采用 DHCP 协议能够在一定程度上缓解 IP 地址不足的问题。

例如，网络中有 300 台计算机，但是可用的 IP 地址只有 200 个，如果采用手动分配的方式，则只有 200 台计算机可以接入网络，而其余 100 台计算机将无法接入网络。在实际工作中，通常 300 台计算机同时接入网络的可能性不大，因为公司实行三班倒机制，不上班的员工的计算机并不需要接入网络。在这种情况下，使用 DHCP 协议恰好可以调节 IP 地址的使用。

（3）一些计算机经常在不同的网络中移动，通过 DHCP 协议，它们可以在任意网络中自动获得 IP 地址而无须任何额外的配置，从而满足了移动用户的需求。

2. DHCP 协议的优势

（1）对于园区网管理员来说，DHCP 协议用于给内网中的众多客户端计算机自动分配 TCP/IP 参数，可以提高工作效率。

（2）对于 ISP（互联网服务提供商）来说，DHCP 协议用于给客户计算机自动分配 TCP/IP 参数，可以简化管理工作，达到中央管理、统一管理的目的。

（3）在一定程度上缓解了 IP 地址不足的问题。

（4）方便经常需要在不同网络之间移动的计算机联网。

6.2 DHCP 客户端首次接入网络的工作过程

DHCP 协议自动分配 TCP/IP 参数是通过租用机制来完成的。当 DHCP 客户端首次接入网络时，需要通过与 DHCP 服务器交互才能获取 IP 地址租约，IP 地址租用分为发现阶段、提供阶段、选择阶段和确认阶段 4 个阶段。DHCP 协议的工作过程如图 6-2 所示。

图 6-2 DHCP 协议的工作过程

4 个阶段所对应的 DHCP 消息的名称及作用如表 6-1 所示。

表 6-1　4 个阶段所对应的 DHCP 消息的名称及作用

消 息 名 称	消息的作用
发现阶段（DHCP Discover）	DHCP 客户端寻找 DHCP 服务器，请求分配 IP 地址等网络配置信息
提供阶段（DHCP Offer）	DHCP 服务器回应 DHCP 客户端请求，提供可被租用的网络配置信息
选择阶段（DHCP Request）	DHCP 客户端租用选择网络中某一台 DHCP 服务器分配的网络配置信息
确认阶段（DHCP Ack）	DHCP 服务器对 DHCP 客户端的租用选择进行确认

1．发现阶段（DHCP Discover）

当 DHCP 客户端第一次接入网络并初始化网络配置信息（如启动操作系统、新安装了网卡、插入网线、启用被禁用的网络连接等）时，由于 DHCP 客户端没有 IP 地址，因此 DHCP 客户端将发送 IP 地址租用请求。因为 DHCP 客户端不知道 DHCP 服务器的 IP 地址，所以它将会以广播的方式发送 DHCP Discover 消息。DHCP Discover 包含的关键信息及解析如表 6-2 所示。

表 6-2　DHCP Discover 包含的关键信息及解析

关 键 信 息	解　　析
源 MAC 地址	DHCP 客户端网卡的 MAC 地址
目的 MAC 地址	FF:FF:FF:FF:FF:FF（广播地址）
源 IP 地址	0.0.0.0
目的 IP 地址	255.255.255.255（广播地址）
源端口号	68（UDP）
目的端口号	67（UDP）
DHCP 客户端硬件地址标识	DHCP 客户端网卡的 MAC 地址
DHCP 客户端 ID	DHCP 客户端网卡绑定的 IP 地址
DHCP 包类型	DHCP Discover

2．提供阶段（DHCP Offer）

DHCP 服务器在收到 DHCP 客户端发送的 DHCP Discover 消息后，将会通过向 DHCP 客户端发送一个 DHCP Offer 消息来做出响应，并为 DHCP 客户端提供 IP 地址等网络配置信息。DHCP Offer 包含的关键信息及解析如表 6-3 所示。

表 6-3　DHCP Offer 包含的关键信息及解析

关 键 信 息	解　　析
源 MAC 地址	DHCP 服务器网卡的 MAC 地址
目的 MAC 地址	FF:FF:FF:FF:FF:FF（广播地址）
源 IP 地址	192.168.1.250
目的 IP 地址	255.255.255.255（广播地址）
源端口号	67（UDP）

续表

关键信息	解析
目的端口号	68（UDP）
提供给 DHCP 客户端的 IP 地址	192.168.1.10
提供给 DHCP 客户端的子网掩码	255.255.255.0
提供给 DHCP 客户端的网关地址等其他网络配置信息	Gateway：192.168.1.254 DNS：192.168.1.253
提供给 DHCP 客户端的 IP 地址等网络配置信息的租约时间	（按照实际情况，如 6 小时）
DHCP 客户端硬件地址标识	DHCP 客户端网卡的 MAC 地址
DHCP 服务器 ID	192.168.1.250（DHCP 服务器的 IP 地址）
DHCP 包类型	DHCP Offer

3．选择阶段（DHCP Request）

DHCP 客户端在收到 DHCP 服务器发送的 DHCP Offer 消息后，并不会直接将该租约配置在 TCP/IP 参数上，它还必须向 DHCP 服务器发送一个 DHCP Request 消息以确认租用。DHCP Request 包含如下关键信息（DHCP 服务器的 IP 地址：192.168.1.250/24，DHCP 客户端的 IP 地址：192.168.1.10/24），DHCP Request 包含的关键信息及解析如表 6-4 所示。

表 6-4　DHCP Request 包含的关键信息及解析

关键信息	解析
源 MAC 地址	DHCP 客户端网卡的 MAC 地址
目的 MAC 地址	FF:FF:FF:FF:FF:FF（广播地址）
源 IP 地址	0.0.0.0
目的 IP 地址	255.255.255.255 （广播地址）
源端口号	68（UDP）
目的端口号	67（UDP）
DHCP 客户端硬件地址标识	DHCP 客户端网卡的 MAC 地址
DHCP 客户端请求的 IP 地址	192.168.1.10
DHCP 服务器 ID	192.168.1.250
DHCP 包类型	DHCP Request

4．确认阶段（DHCP Ack）

DHCP 服务器在收到 DHCP 客户端发送的 DHCP Request 消息后，将通过向 DHCP 客户端发送 DHCP Ack 消息来完成 IP 地址租约的签订，DHCP 客户端在收到 DHCP Ack 消息后即可使用 DHCP 服务器提供的 IP 地址等网络配置信息完成 TCP/IP 参数的配置。DHCP Ack 包含的关键信息及解析如表 6-5 所示。

表 6-5　DHCP Ack 包含的关键信息及解析

关键信息	解析
源 MAC 地址	DHCP 服务器网卡的 MAC 地址
目的 MAC 地址	FF:FF:FF:FF:FF:FF（广播地址）

续表

关 键 信 息	解　　析
源 IP 地址	192.168.1.250
目的 IP 地址	255.255.255.255（广播地址）
源端口号	67（UDP）
目的端口号	68（UDP）
提供给 DHCP 客户端的 IP 地址	192.168.1.10
提供给 DHCP 客户端的子网掩码	255.255.255.0
提供给 DHCP 客户端的网关地址等其他网络配置信息	Gateway:192.168.1.254 DNS:192.168.1.253
提供给 DHCP 客户端的 IP 地址等网络配置信息的租约时间	（按照实际情况）
DHCP 客户端硬件地址标识	DHCP 客户端网卡的 MAC 地址
DHCP 服务器 ID	192.168.1.250
DHCP 包类型	DHCP Ack

DHCP 客户端在收到 DHCP 服务器发送的 DHCP Ack 消息后，会将该消息中提供的 IP 地址和其他相关 TCP/IP 参数与自己的网卡绑定，此时 DHCP 客户端获得 IP 地址租约并接入网络的过程便完成了。

6.3　DHCP 客户端 IP 地址租约的更新

1．DHCP 客户端持续在线时进行 IP 地址租约更新

DHCP 客户端在获得 IP 地址租约后，必须定期更新租约，否则当租约到期时，将不能再使用此 IP 地址。每当 IP 地址的租用时间到达租约时间的 50%和 87.5%时，DHCP 客户端必须发出 DHCP Request 消息，向 DHCP 服务器请求更新租约。

（1）在当期租约时间已使用 50%时，DHCP 客户端将以单播方式直接向 DHCP 服务器发送 DHCP Request 消息。如果 DHCP 客户端收到 DHCP 服务器回应的 DHCP Ack 消息（单播方式），则 DHCP 客户端就根据 DHCP Ack 消息中所提供的新的 IP 地址租约更新 TCP/IP 参数，此时 IP 地址租约更新完成。

（2）如果在当期租约时间已使用 50%时未能成功更新 IP 地址租约，则 DHCP 客户端将在租约时间已使用 87.5%时以广播方式发送 DHCP Request 消息。如果 DHCP 客户端收到 DHCP Ack 消息，则更新 IP 地址租约；如果仍未收到 DHCP 服务器的回应，则 DHCP 客户端仍可以继续使用现有的 IP 地址。

（3）如果直到当期 IP 地址租约到期仍未完成续约，则 DHCP 客户端将以广播方式发送 DHCP Discover 消息，重新开始 4 个阶段的 IP 地址租用过程。

2. DHCP 客户端重新启动时进行 IP 地址租约更新

在 DHCP 客户端重启后，如果 IP 地址租约已经到期，则 DHCP 客户端将重新开始 4 个阶段的 IP 地址租用过程。

如果 IP 地址租约未到期，则 DHCP 客户端通过广播方式发送 DHCP Request 消息，DHCP 服务器查看该 DHCP 客户端 IP 地址是否已经租用给其他客户。如果未租用给其他客户，则 DHCP 服务器将向 DHCP 客户端发送 DHCP Ack 消息，此时该 DHCP 客户端完成续约；如果已经租用给其他客户，则该 DHCP 客户端必须重新开始 4 个阶段的 IP 地址租用过程。

6.4 DHCP 客户端租用失败的自动配置

DHCP 客户端在发出 IP 地址租用请求的 DHCP Discover 广播包后，将花费 1 秒钟的时间等待 DHCP 服务器的回应，如果等待 1 秒钟后没有收到 DHCP 服务器的回应，则该 DHCP 客户端会将这个广播包重新广播 4 次（以 2、4、8、16 秒为间隔，加上 1～1000 毫秒随机长度的时间）。在 4 次广播之后，如果仍然不能收到 DHCP 服务器的回应，则该 DHCP 客户端将从 169.254.0.0/16 网段内随机选择一个 IP 地址作为自己的 TCP/IP 参数。

注意：

（1）以 169.254 开头的 IP 地址（自动私有 IP 地址）是 DHCP 客户端申请 IP 地址失败后由自己随机生成的 IP 地址，使用自动私有 IP 地址可以使得当 DHCP 服务不可用时，DHCP 客户端之间仍然可以利用该 IP 地址通过 TCP/IP 协议实现互相通信。以 169.254 开头的网段地址是私有 IP 地址网段，以它开头的 IP 地址数据包不能够、也不可能在 Internet 上出现。

（2）DHCP 客户端究竟是如何确定配置某个未被占用的以 169.254 开头的 IP 地址的呢？它利用 ARP 广播来确定自己所挑选的 IP 地址是否已经被网络上的其他设备使用：如果发现该 IP 地址已经被使用，则 DHCP 客户端会再随机生成另一个以 169.254 开头的 IP 地址重新测试，直到成功获取配置。

6.5 DHCP 中继代理服务

由于在大型园区网络中会存在多个物理网络，也就对应着存在多个逻辑网段（子网），那么园区内的计算机是如何实现 IP 地址租用的呢？

从 DHCP 协议的工作原理可以知道，DHCP 客户端实际上是通过发送广播消息与 DHCP

服务器进行通信的，DHCP 客户端获取 IP 地址的 4 个阶段都依赖于广播消息的双向传播。而广播消息是不能跨越子网的，难道 DHCP 服务器就只能为网卡直连的广播网络服务吗？如果 DHCP 客户端和 DHCP 服务器在不同的子网内，则 DHCP 客户端是否还能向 DHCP 服务器申请 IP 地址呢？

DHCP 客户端是基于局域网广播方式来寻找 DHCP 服务器以便租用 IP 地址的，路由器具有隔离局域网广播的功能，因此，在默认情况下，DHCP 服务只能为自己所在网段中的 DHCP 客户端提供 IP 地址租用服务。如果想要让一个多局域网的网络通过 DHCP 服务来实现 IP 地址自动分配，可以有两种方法。

方法 1：在每一个局域网中都部署一台 DHCP 服务器。

方法 2：路由器可以和 DHCP 服务器通信，如果路由器可以代为转发 DHCP 客户端的 DHCP 请求包，则网络中只需要部署一台 DHCP 服务器就可以为多个子网提供 IP 地址租用服务。

对于方法 1，企业将需要额外部署多台 DHCP 服务器；而对于方法 2，企业将可以利用现有的基础架构实现相同的功能，显然更为合适。

DHCP 中继代理实际上是一种软件技术，安装了 DHCP 中继代理的计算机称为 DHCP 中继代理服务器，它承担不同子网之间 DHCP 客户端与 DHCP 服务器之间的通信任务。DHCP 中继代理服务器负责转发不同子网之间 DHCP 客户端与 DHCP 服务器之间的 DHCP/BOOTP 消息。简单而言，DHCP 中继代理服务器就是 DHCP 客户端与 DHCP 服务器之间进行通信的中介：DHCP 中继代理服务器在收到 DHCP 客户端的广播型请求消息后，将请求信息以单播方式转发给 DHCP 服务器，同时，它也接收 DHCP 服务器的单播回应消息，并以广播方式转发给 DHCP 客户端。

通过 DHCP 中继代理服务器，使得 DHCP 服务器与 DHCP 客户端之间的通信可以突破直连网段的限制，达到跨子网通信的目的。除了安装了 DHCP 中继代理服务的计算机，大部分路由器都支持 DHCP 中继代理功能，可以实现代为转发 DHCP 请求包（方法 2）。因此，通过 DHCP 中继代理服务，可以实现在公司内仅部署一台 DHCP 服务器即可为多个局域网提供 IP 地址租用服务。

6.6 DHCP 服务常用文件及参数解析

DHCP 服务软件包主要包括以下文件。

1．DHCP 服务的主配置文件/etc/dhcp/dhcpd.conf

主配置文件的特点如下：

（1）#为注释符号，可以将临时不需要的配置内容进行注释，取消它们的作用。

（2）除了括号所在行的最后，其他每一行的后面都要以;作为结尾。

主配置文件的语法如下：

```
选项/参数            # 这些选项/参数全局有效
声明{
    选项/参数        # 这些选项/参数局部有效
}
```

常用的声明及功能如下所述。

（1）定义超级作用域，设置同一个物理网络可以使用不同逻辑 IP 网段的 IP 地址，必须包含多个 subnet 声明。

具体格式如下：

```
shared-network 名称 {
    选项/参数
}
```

（2）定义作用域（或 IP 子网）。可以有多个 subnet 声明，从而代表多个作用域。此声明的特例就是 subnet 声明的括号内不包含任何可以分配的网络信息，仅仅是建立一个作用域框架，如 subnet 192.168.77.0 netmask 255.255.255.0 { }。

具体格式如下：

```
subnet 网络号 netmask 子网掩码 {
    选项/参数
}
```

（3）定义保留地址，通常放在 subnet 声明中。host 后面的主机名为自定义的任意名称。

具体格式如下：

```
host 主机名 {
    选项/参数
}
```

（4）group 声明用于定义一组参数，参数的有效范围限定于 group 声明以内。

具体格式如下：

```
group {
    选项/参数
}
```

DHCP 常用的参数及功能如表 6-6 所示（以下的{}只是语法格式，实际配置时无须写出来）。

表 6-6　DHCP 常用的参数及功能

常 用 参 数	功　　能
ddns-update-style {none|interim|ad-hoc}	定义所支持的 DNS 动态更新类型，该参数必选且必须放在第一行中，而且只能在全局配置中使用，按默认即可。none 表示不支持 DNS 动态更新；interim 表示支持 DNS 互动更新模式；ad-hoc 表示采用点对点模式，组成无中心自适应网格
{allow|ignore} client-updates	允许（allow）或忽略（ignore）DHCP 客户端更新 DNS 记录，该参数只能在全局配置中使用
default-lease-time {秒数}	指定 DHCP 客户端默认租约时间，该参数在全局配置和局部配置中均可使用
max-lease-time {秒数}	指定 DHCP 客户端最大租约时间，该参数在全局配置和局部配置中均可使用。
range {起始 IP 地址} {终止 IP 地址}	定义作用域（IP 子网）的范围，该参数用在 subnet 声明的括号里面。一个 subnet 声明中可以有多个 range 参数，可是多个 range 参数所定义的 IP 地址的范围不能重复
hardware {硬件类型} {MAC 地址}	指定网卡的网络类型（以太网就是 ethernet）和 MAC 地址，该参数用在 subnet 声明的括号里面
fixed-address {IP 地址}	分配给 DHCP 客户端一个固定的 IP 地址（也就是保留地址），该参数用在 host 声明的括号里面。fixed-address 和 hardware 参数需要成对地配合使用
server-name 主机名	通告 DHCP 客户端和 DHCP 服务器的主机名，该参数在全局配置和局部配置中均可使用

DHCP 常见的选项及功能如表 6-7 所示（以下的{}只是语法格式，实际配置时无须写出来）。

表 6-7　DHCP 常见的选项及功能

常 见 选 项	功　　能
option subnet-mask {子网掩码}	为 DHCP 客户端指定子网掩码，可以省略不写
option routers {网关 IP 地址}	为 DHCP 客户端指定默认网关，常用
option domain-name-servers {DNS 服务器 IP 地址}	为 DHCP 客户端指定 DNS 服务器的 IP 地址，常用
option domain-name {"域名"}	为 DHCP 客户端指定 DNS 域名，可以省略不写
option host-name {"主机名"}	为 DHCP 客户端指定主机名，可以省略不写
option ntp-server {IP 地址}	为 DHCP 客户端指定网络时间服务器的 IP 地址，可以省略不写
option broadcast-address {广播地址}	为 DHCP 客户端指定广播地址，可以省略不写

2．DHCP 租约数据库文件/var/lib/dhcpd/dhcpd.leases

该文件用于保存一系列的租约声明，其中包含 DHCP 客户端的主机名、MAC 地址、已分配的 IP 地址，以及 IP 地址的有效期等相关信息。这个数据库文件是可编辑的 ASCII 格式文件。每当租约变化时，都会在文件结尾添加新的租约记录。

3．DCHP 服务的启动脚本文件/etc/systemd/system/multi-user.target.wants/dhcpd.service

systemctl 命令通过此脚本对 DHCP 服务进行管理。

4．DHCP 服务的模板文件/usr/share/doc/dhcp-server/dhcpd.conf.example

可以参考学习此配置文件来建立实际需要的配置内容。

5．DHCP 服务的配置文件/etc/sysconfig/dhcpd

DHCP 服务需要指定在特定的网卡上提供服务，就得编辑此配置文件内的参数选项。例如，DHCPDARGS="eth0 eth1"，多个网卡代号之间使用空格隔开，并注意用引号括起来。如果 DHCP 服务为本机所有网卡接口提供服务，则将此 DHCPDARGS 选项值留空，即 DHCPDARGS=。

项目实施

任务 6-1　部署 DHCP 服务，实现信息中心客户端接入局域网

任务规划

信息中心拥有 20 台计算机，Linux 运维工程师希望通过配置 DHCP 服务器来自动配置客户端 IP 地址，从而实现客户端之间的互相通信，公司网络地址段为 192.168.1.0/24，可以分配给客户端的 IP 地址的范围为 192.168.1.10～192.168.1.200。信息中心网络拓扑（局域网）如图 6-3 所示。

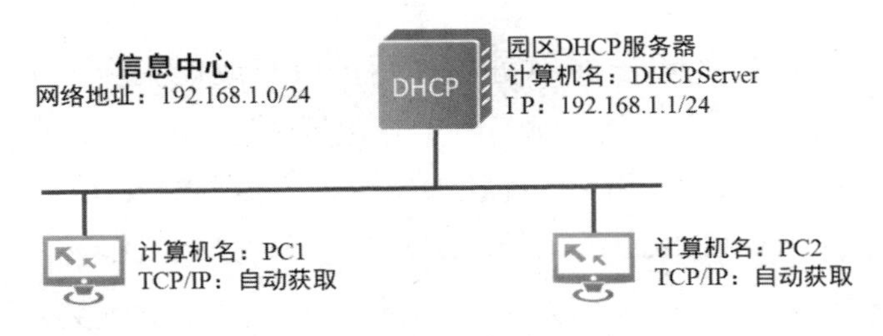

图 6-3　信息中心网络拓扑（局域网）

本任务将在一台 CentOS 8 服务器上安装 DHCP 服务的角色和功能，让该服务器成为 DHCP 服务器，并通过配置 DHCP 服务器和 DHCP 客户端来实现信息中心 DHCP 服务的部署，具体可以通过以下几个步骤来完成。

（1）为服务器配置静态 IP 地址。

（2）在服务器上安装 DHCP 服务的角色和功能。

（3）为信息中心创建并启用 DHCP 作用域。

任务实施

1. 为服务器配置静态 IP 地址

DHCP 服务作为网络基础服务之一，它要求使用固定的 IP 地址，因此，需要按照网络拓扑为 DHCP 服务器配置静态 IP 地址。

使用 nmcli 命令来配置 ens34 网卡的 IP 地址。配置命令如下：

```
[root@DHCPserver  ~]#  nmcli  connection  modify  ens34  ipv4.addresses  192.168.1.1/24
ipv4.method manual
[root@Jan16 ~]# nmcli connection up ens34
[root@DHCPserver ~]# ip address show ens34
3: ens34: <BROADCAST,MULTICAST,UP,LOWER_UP> mtu 1500 qdisc fq_codel state UP group
default qlen 1000
    link/ether 00:0c:29:d0:56:46 brd ff:ff:ff:ff:ff:ff
    inet 192.168.1.1/24 brd 192.168.1.255 scope global noprefixroute eth1
       valid_lft forever preferred_lft forever
    inet6 fe80::f714:b0c1:4d5c:c584/64 scope link noprefixroute
       valid_lft forever preferred_lft forever
```

2. 在服务器上安装 DHCP 服务的角色和功能

使用 dnf 仓库来安装 DHCP 服务。配置命令如下：

```
[root@DHCPserver ~]# yum install dhcp-server -y
```

3. 为信息中心创建并启用 DHCP 作用域

（1）DHCP 作用域的基本概念。

DHCP 作用域是本地逻辑子网中可以使用的 IP 地址集合，如 192.168.1.2/24～192.168.1.253/24。DHCP 服务器只能使用 DHCP 作用域中定义的 IP 地址来分配给 DHCP 客户端，因此，必须创建 DHCP 作用域才能让 DHCP 服务器分配 IP 地址给 DHCP 客户端，也就是说，必须创建并启用 DHCP 作用域，DHCP 服务才开始工作。

在局域网环境中，DHCP 的作用域就是自己所在子网的 IP 地址集合，如本任务所要求的 IP 地址的范围：192.168.1.10～192.168.1.200。本网段中的 DHCP 客户端将通过自动获取 IP 地址的方式来租用该 DHCP 作用域中的一个 IP 地址并配置在本地连接上，从而使 DHCP 客户端拥有一个合法的 IP 地址并和内外网互相通信。

DHCP 作用域的相关属性如下所述。

- 作用域名称：在创建 DHCP 作用域时指定的作用域标识，在本项目中，可以使用“部门+网络地址”作为作用域的名称。

- IP 地址的范围：在 DHCP 作用域中，可以用于给 DHCP 客户端分配的 IP 地址的范围。
- 子网掩码：指定 IP 的网络地址。
- 租用期：DHCP 客户端租用 IP 地址的时长。
- 作用域选项：指除 IP 地址、子网掩码及租用期以外的网络配置信息，如默认网关、DNS 服务器 IP 地址等。
- 保留地址：指为一些计算机分配固定的 IP 地址，这些 IP 地址将固定分配给这些计算机，使得这些计算机租用的 IP 地址始终不变。

（2）配置 DHCP 作用域。

在本任务中，信息中心可分配的 IP 地址的范围为 192.168.1.10～192.168.1.200，配置 DHCP 作用域的步骤如下所述。

① 由于刚安装好的 DHCP 服务器内的配置文件是空白的，因此无法启动 DHCP 服务，查看默认配置文件/etc/dhcp/dhcpd.conf。配置命令如下：

```
[root@DHCPserver ~]# cat /etc/dhcp/dhcpd.conf
#
# DHCP Server Configuration file.
#   see /usr/share/doc/dhcp-server/dhcpd.conf.example
#   see dhcpd.conf(5) man page
#
```

② 参考模板文件/usr/share/doc/dhcp-server/dhcpd.conf.example 制作配置文件/etc/dhcp/dhcpd.conf，分配的 IP 地址段为 192.168.1.0/24，可分配的 IP 地址的范围为 192.168.1.10～192.168.1.200，默认的租约时间为 24 小时，最大的租约时间为 48 小时。在写入完成后，保存配置。配置命令如下：

```
[root@DHCPserver ~]# vim /etc/dhcp/dhcpd.conf
#
# DHCP Server Configuration file.
#   see /usr/share/doc/dhcp-server/dhcpd.conf.example
#   see dhcpd.conf(5) man page
#
subnet 192.168.1.0 netmask 255.255.255.0{
   range 192.168.1.10 192.168.1.200;
   default-lease-time 86400;
   max-lease-time 172800;
}
```

4．使用 dhcpd 命令检查文件语法

使用 dhcpd 命令检查文件语法是否正确，在确认无误后，重启 DHCP 服务，再查看服务的运行状态。配置命令如下：

```
[root@DHCPserver ~]# dhcpd -t -cf /etc/dhcp/dhcpd.conf
Internet Systems Consortium DHCP Server 4.3.6
```

```
Copyright 2004-2017 Internet Systems Consortium.
All rights reserved.
For info, please visit https://www.isc.org/software/dhcp/
ldap_gssapi_principal is not set,GSSAPI Authentication for LDAP will not be used
Not searching LDAP since ldap-server, ldap-port and ldap-base-dn were not specified
in the config file
Config file: /etc/dhcp/dhcpd.conf
Database file: /var/lib/dhcpd/dhcpd.leases
PID file: /var/run/dhcpd.pid
Source compiled to use binary-leases
[root@DHCPserver ~]# systemctl restart dhcpd
[root@DHCPserver ~]# systemctl status dhcpd
● dhcpd.service - DHCPv4 Server Daemon
   Loaded: loaded (/usr/lib/systemd/system/dhcpd.service; disabled; vendor preset:
disabled)
   Active: active (running) since Tue 2020-07-28 22:37:41 EDT; 13s ago
     Docs: man:dhcpd(8)
           man:dhcpd.conf(5)
 Main PID: 13357 (dhcpd)
   Status: "Dispatching packets..."
    Tasks: 1 (limit: 23858)
   Memory: 5.1M
   CGroup: /system.slice/dhcpd.service
           └─13357 /usr/sbin/dhcpd -f -cf /etc/dhcp/dhcpd.conf -user dhcpd -group dhcpd
--no-pid

Jul 28 22:37:41 Jan16.cn dhcpd[13357]:
Jul 28 22:37:41 Jan16.cn dhcpd[13357]: No subnet declaration for ens33 (192.168.47.128).
Jul 28 22:37:41 Jan16.cn dhcpd[13357]: ** Ignoring requests on ens33.  If this is not
what
Jul 28 22:37:41 Jan16.cn systemd[1]: Started DHCPv4 Server Daemon.
Jul 28 22:37:41 Jan16.cn dhcpd[13357]: you want, please write a subnet declaration
Jul 28 22:37:41 Jan16.cn dhcpd[13357]: in your dhcpd.conf file for the network segment
Jul 28 22:37:41 Jan16.cn dhcpd[13357]: to which interface ens33 is attached. **
Jul 28 22:37:41 Jan16.cn dhcpd[13357]:
Jul 28 22:37:41 Jan16.cn dhcpd[13357]: Sending on   Socket/fallback/fallback-net
Jul 28 22:37:41 Jan16.cn dhcpd[13357]: Server starting service.
```

任务验证

配置 DHCP 客户端并验证 IP 地址租用是否成功。

（1）将信息中心客户端接入 DHCP 服务器所在网络中，并将客户端的网卡配置文件中的 BOOTPROTO 选项修改为 DHCP，代码如下：

```
[root@1Jan16 ~]# vim /etc/sysconfig/network-scripts/ifcfg-ens34
【...省略显示部分内容...】
BOOTPROTO="dhcp"
【...省略显示部分内容...】
```

（2）在修改了网卡的配置文件后，使用 nmcli 命令激活网卡，使配置马上生效，代码如下：

```
[root@1Jan16 ~]# nmcli connection reload
[root@1Jan16 ~]# nmcli connection down ens34
[root@1Jan16 ~]# nmcli connection up ens34
```

（3）通过 DHCP 客户端命令验证。在 DHCP 客户端打开终端，执行 ip address show ens34 命令，可以看到 DHCP 客户端自动配置的 IP 地址和子网掩码等信息，代码如下：

```
[root@1Jan16 ~]# ip address show ens34
3: ens34: <BROADCAST,MULTICAST,UP,LOWER_UP> mtu 1500 qdisc fq_codel state UP group
default qlen 1000
    link/ether 00:0c:29:a5:b0:b8 brd ff:ff:ff:ff:ff:ff
    inet 192.168.1.10/24 brd 192.168.1.255 scope global dynamic noprefixroute ens34
       valid_lft 85088sec preferred_lft 85088sec
    inet6 fe80::713b:46cd:8206:fde/64 scope link noprefixroute
       valid_lft forever preferred_lft forever
```

（4）通过 DHCP 服务器验证，查看 DHCP 服务的状态，可以查看 DHCP 客户端向 DHCP 服务器请求的 IP 地址和已租用给 DHCP 客户端的 IP 地址租约，代码如下：

```
[root@DHCPserver ~]# systemctl status dhcpd
● dhcpd.service - DHCPv4 Server Daemon
   Loaded: loaded (/usr/lib/systemd/system/dhcpd.service; disabled; vendor preset:
disabled)
   Active: active (running) since Tue 2020-07-28 22:37:41 EDT; 8min ago
     Docs: man:dhcpd(8)
           man:dhcpd.conf(5)
 Main PID: 13357 (dhcpd)
   Status: "Dispatching packets..."
    Tasks: 1 (limit: 23858)
   Memory: 5.1M
   CGroup: /system.slice/dhcpd.service
           └─13357 /usr/sbin/dhcpd -f -cf /etc/dhcp/dhcpd.conf -user dhcpd -group
dhcpd --no-pid

Jul 28 22:41:30 Jan16.cn dhcpd[13357]: DHCPDISCOVER from 00:0c:29:10:94:b3 via ens34
Jul 28 22:41:31 Jan16.cn dhcpd[13357]: DHCPOFFER on 192.168.1.11 to 00:0c:29:10:94:b3
via ens34
Jul 28 22:41:31 Jan16.cn dhcpd[13357]: DHCPREQUEST for 192.168.1.11 (192.168.1.1) from
00:0c:29:10:94:b3 via ens34
```

```
Jul 28 22:41:31 Jan16.cn dhcpd[13357]: DHCPACK on 192.168.1.11 to 00:0c:29:10:94:b3
via ens34
Jul 28 22:42:40 Jan16.cn dhcpd[13357]: reuse_lease: lease age 69 (secs) under 25%
threshold, reply with unaltered, existing lease for 192.168.1.11
Jul 28 22:42:40 Jan16.cn dhcpd[13357]: DHCPDISCOVER from 00:0c:29:10:94:b3 via ens34
Jul 28 22:42:41 Jan16.cn dhcpd[13357]: DHCPOFFER on 192.168.1.11 to 00:0c:29:10:94:b3
via ens34
Jul 28 22:42:42 Jan16.cn dhcpd[13357]: reuse_lease: lease age 71 (secs) under 25%
threshold, reply with unaltered, existing lease for 192.168.1.11
Jul 28 22:42:42 Jan16.cn dhcpd[13357]: DHCPREQUEST for 192.168.1.11 (192.168.1.1) from
00:0c:29:10:94:b3 via ens34
Jul 28 22:42:42 Jan16.cn dhcpd[13357]: DHCPACK on 192.168.1.11 to 00:0c:29:10:94:b3
via ens34
```

（5）在客户端 PC2 上，通过同样的方法，使其自动获取 IP 地址和其他网络配置信息，代码如下：

```
[root@2Jan16 ~]# nmcli connection down ens34
[root@2Jan16 ~]# nmcli connection up ens34
[root@2Jan16 ~]# ip address show ens34
3: ens34: <BROADCAST,MULTICAST,UP,LOWER_UP> mtu 1500 qdisc fq_codel state UP group
default qlen 1000
    link/ether 00:0c:29:10:94:b3 brd ff:ff:ff:ff:ff:ff
    inet 192.168.1.11/24 brd 192.168.1.255 scope global dynamic ens34
       valid_lft 85609sec preferred_lft 85609sec
```

任务 6-2　配置 DHCP 作用域，实现信息中心客户端访问外网

任务规划

任务 6-1 通过部署 DHCP 服务，实现了信息中心客户端 IP 地址的自动配置，解决了信息中心客户端和服务器之间的互相通信问题，但是信息中心客户端不能访问外网。经检测，信息中心客户端无法访问外网的原因为未配置网关和 DNS，因此，公司希望 DHCP 服务器能为信息中心客户端自动配置网关和 DNS，实现信息中心客户端与外网的通信。信息中心网络拓扑如图 6-6 所示。

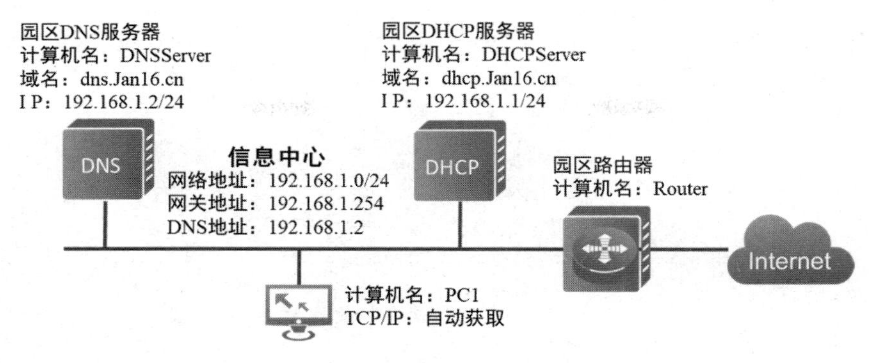

图 6-6　信息中心网络拓扑

DHCP 服务器不仅可以为客户端配置 IP 地址和子网掩码，还可以为客户端配置网关和 DNS 地址等信息。网关是客户端访问外网的必要条件，DNS 地址是客户端解析网络域名的必要条件，因此只有配置了网关和 DNS 地址才能解决客户端与外网通信的问题。那么，关于网关和 DNS 地址的自动配置就有必要先了解一下作用域选项和服务器选项了。

作用域选项和服务器选项都是用于为 DHCP 客户端配置 TCP/IP 参数中的网关和 DNS 地址等其他网络配置参数。在 DHCP 作用域的配置中，只有配置了作用域选项或服务器选项，DHCP 客户端才能自动配置网关和 DNS 地址。

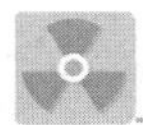

任务实施

配置 DHCP 服务器

（1）使用 vim 命令来配置 DHCP 服务器的配置文件，添加 option routers {网关 IP 地址};为 DHCP 客户端指定默认网关，添加 option domain-name-servers {DNS 服务器 IP 地址};为 DHCP 客户端指定 DNS 服务器的 IP 地址。配置命令如下：

```
[root@DHCPserver ~]# vim /etc/dhcp/dhcpd.conf
#
# DHCP Server Configuration file.
#   see /usr/share/doc/dhcp-server/dhcpd.conf.example
#   see dhcpd.conf(5) man page
#
subnet 192.168.1.0 netmask 255.255.255.0{
   range 192.168.1.10 192.168.1.200;
   option routers 192.168.1.254;                    ##为 DHCP 客户端指定默认网关
   option domain-name-servers 192.168.1.2;          ##为 DHCP 客户端指定 DNS 服务器的 IP 地址
   default-lease-time 86400;
   max-lease-time 172800;
}
```

（2）在配置完成后，检查配置文件的语法是否正确并重启 DHCP 服务。配置命令如下：

```
[root@DHCPserver ~]# dhcpd -t -cf /etc/dhcp/dhcpd.conf
Internet Systems Consortium DHCP Server 4.3.6
Copyright 2004-2017 Internet Systems Consortium.
All rights reserved.
For info, please visit https://www.isc.org/software/dhcp/
ldap_gssapi_principal is not set,GSSAPI Authentication for LDAP will not be used
Not searching LDAP since ldap-server, ldap-port and ldap-base-dn were not specified
in the config file
Config file: /etc/dhcp/dhcpd.conf
Database file: /var/lib/dhcpd/dhcpd.leases
PID file: /var/run/dhcpd.pid
Source compiled to use binary-leases
[root@Jan16 ~]#systemctl restart dhcpd
```

任务验证

在客户端上验证 DNS 和网关是否获取。

（1）使用 nmcli 命令激活处于禁用状态的 ens34 网卡，代码如下：

```
[root@1Jan16 ~]# nmcli connection down ens34
[root@1Jan16 ~]# nmcli connection up ens34
```

（2）在获取 IP 地址后，使用 nmcli 命令来查看网关和 DNS 服务器的 IP 地址是否成功获取，代码如下：

```
[root@1Jan16 ~]# nmcli device show ens34
【...省略显示部分内容...】
IP4.ADDRESS[1]:                    192.168.1.10/24
IP4.GATEWAY:                       192.168.1.254
IP4.ROUTE[1]:                      dst = 192.168.1.0/24, nh = 0.0.0.0, mt = 0
IP4.ROUTE[2]:                      dst = 0.0.0.0/0, nh = 192.168.1.254, mt = 0
IP4.DNS[1]:                        192.168.1.2
【...省略显示部分内容...】
```

（3）在客户端上查看/etc/resolv.conf 文件，代码如下：

```
[root@1Jan16 ~]# cat /etc/resolv.conf
; generated by /usr/sbin/dhclient-script
nameserver 192.168.1.2
```

任务 6-3 配置 DHCP 中继代理服务，实现所有部门客户端自动配置网络信息

任务规划

任务 6-1 和任务 6-2 分别通过部署 DHCP 服务和配置 DHCP 作用域，实现了信息中心客户端 IP 地址的自动配置，并能正常访问信息中心和外网，提高了信息中心 IP 地址的分配与管理效率。

为此，公司要求 Linux 运维工程师尽快为公司其他部门部署 DHCP 服务，实现全公司客户端 IP 地址的自动分配与管理。第一批部署的部门是研发部，其网络拓扑如图 6-7 所示。

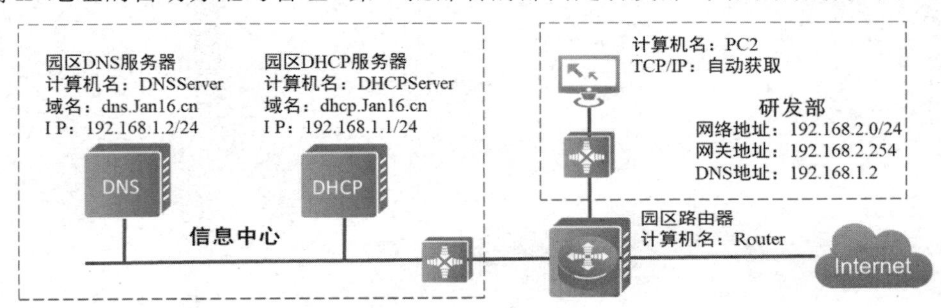

图 6-7 研发部网络拓扑

DHCP 客户端在工作时是通过广播方式与 DHCP 服务器进行通信的，如果 DHCP 客户端和 DHCP 服务器不在同一个网段，则必须在路由器上配置 DHCP 中继代理服务，以实现 DHCP 客户端通过 DHCP 中继代理服务自动获取 IP 地址。

因此，本任务需要在 DHCP 服务器上配置与研发部匹配的 DHCP 作用域，并在路由器上配置 DHCP 中继代理服务来实现研发部客户端的 DHCP 服务部署，具体涉及以下步骤。

（1）在主 DHCP 服务器上为研发部客户端配置 DHCP 作用域。

（2）在路由器上配置 DHCP 中继代理服务。

任务实施

1. 在主 DHCP 服务器上为研发部客户端配置 DHCP 作用域

（1）修改 DHCP 服务器的配置文件，加入为研发部客户端配置的 DHCP 作用域，可分配的 IP 地址的范围为 192.168.2.10～192.168.2.200，DNS 地址为 192.168.1.2，网关地址为 192.168.2.254。配置命令如下：

```
[root@DHCPserver ~]# vim /etc/dhcp/dhcpd.conf
#
# DHCP Server Configuration file.
```

```
#   see /usr/share/doc/dhcp-server/dhcpd.conf.example
#   see dhcpd.conf(5) man page
#
subnet 192.168.1.0 netmask 255.255.255.0{
    range 192.168.1.10 192.168.1.200;
    option routers 192.168.1.254;
    option domain-name-servers 192.168.1.2;
    default-lease-time 86400;
    max-lease-time 172800;
}

##添加如下内容后，保存退出
subnet 192.168.2.0 netmask 255.255.255.0{
    range 192.168.2.10 192.168.2.200;
    option routers 192.168.2.254;
    option domain-name-servers 192.168.1.2;
    default-lease-time 86400;
    max-lease-time 172800;
}
```

（2）在修改完配置文件后，重启 DHCP 服务。配置命令如下：

```
[root@DHCPserver ~]# systemctl restart dhcpd
```

（3）配置 DHCP 服务器的 IP 地址为 192.168.1.1/24，网关的对应地址为 192.168.1.254。配置命令如下：

```
[root@DHCPserver ~]# nmcli connection modify ens34 ipv4.addresses 192.168.1.1/24
ipv4.gateway 192.168.1.254
[root@DHCPserver ~]# nmcli connection reload ens34
[root@DHCPserver ~]# nmcli connection up ens34
```

2. 在路由器上配置 DHCP 中继代理服务

（1）为 DHCP 中继代理服务器配置 IP 地址，与 DHCP 服务器处于同一网段的 ens34 网卡的 IP 地址为 192.168.1.254/24，与客户端处于同一网段的 ens38 网卡的 IP 地址为 192.168.2.254/24，使用 nmcli 命令进行配置。配置命令如下：

```
[root@Router ~]# nmcli connection modify ens34 ipv4.addresses 192.168.1.254/24
ipv4.method manual
[root@Jan16 ~]# nmcli connection up ens34
Connection successfully activated (D-Bus active path: /org/freedesktop/
NetworkManager/ActiveConnection/23)
[root@Router ~]# nmcli connection add type ethernet ifname ens38 con-name ens38 ipv4.
method manual ipv4.addresses 192.168.2.254/24
[root@Jan16 ~]# nmcli connection up ens38
Connection successfully activated (D-Bus active path: /org/freedesktop/NetworkManager/
ActiveConnection/24)
```

（2）查看设备连接的情况和查看 IP 地址是否已经正确配置。配置命令如下：

```
[root@Router ~]# nmcli connection show
NAME    UUID                                  TYPE       DEVICE
ens33   b16a0e10-30e4-4856-a27c-de73c5b8dc19  ethernet   ens33
ens34   824f3811-1f70-4b8e-aa40-06f2f89feee1  ethernet   ens34
ens38   6b2f5b49-b346-46ba-8893-837674d86bb1  ethernet   ens38
virbr0  3d733dbf-b4e7-470a-8b89-00d8e0141dc2  bridge     virbr0
[root@Router ~]# ip address show
3: ens34: <BROADCAST,MULTICAST,UP,LOWER_UP> mtu 1500 qdisc fq_codel state UP group default qlen 1000
    link/ether 00:0c:29:ab:9c:3e brd ff:ff:ff:ff:ff:ff
    inet 192.168.1.254/24 brd 192.168.1.255 scope global noprefixroute ens34
       valid_lft forever preferred_lft forever
【...省略显示部分内容...】
4: ens38: <BROADCAST,MULTICAST,UP,LOWER_UP> mtu 1500 qdisc fq_codel state UP group default qlen 1000
    link/ether 00:0c:29:ab:9c:48 brd ff:ff:ff:ff:ff:ff
    inet 192.168.2.254/24 brd 192.168.2.255 scope global noprefixroute ens38
       valid_lft forever preferred_lft forever
【...省略显示部分内容...】
```

（3）在 DHCP 中继代理服务器内开启路由功能，在配置文件内加入 net.ipv4.ip_forward = 1。配置命令如下：

```
[root@Router bin]# vim /etc/sysctl.conf
# sysctl settings are defined through files in
# /usr/lib/sysctl.d/, /run/sysctl.d/, and /etc/sysctl.d/.
#
# Vendors settings live in /usr/lib/sysctl.d/.
# To override a whole file, create a new file with the same in
# /etc/sysctl.d/ and put new settings there. To override
# only specific settings, add a file with a lexically later
# name in /etc/sysctl.d/ and put new settings there.
#
# For more information, see sysctl.conf(5) and sysctl.d(5).
##写入如下内容后保存退出
net.ipv4.ip_forward = 1
```

（4）使用 sysctl -p 命令使得配置马上生效。配置命令如下：

```
[root@Router bin]# sysctl -p
net.ipv4.ip_forward = 1
```

（5）使用 YUM 仓库安装 dhcp-relay 服务和 dhcp-server 服务。配置命令如下：

```
[root@Router ~]# yum -y install dhcp-relay dhcp-server
```

（6）在中继代理服务安装完成后，即可使用 dhcrelay 命令开启 DHCP 中继代理服务。配置命令如下：

```
[root@Router ~]# dhcrelay 192.168.1.1
Dropped all unnecessary capabilities.
Internet Systems Consortium DHCP Relay Agent 4.3.6
Copyright 2004-2017 Internet Systems Consortium.
All rights reserved.
For info, please visit https://www.isc.org/software/dhcp/
Listening on LPF/virbr0/52:54:00:aa:28:27
Sending on   LPF/virbr0/52:54:00:aa:28:27
Listening on LPF/ens38/00:0c:29:ab:9c:48
Sending on   LPF/ens38/00:0c:29:ab:9c:48
Listening on LPF/ens34/00:0c:29:ab:9c:3e
Sending on   LPF/ens34/00:0c:29:ab:9c:3e
Listening on LPF/ens33/00:0c:29:ab:9c:34
Sending on   LPF/ens33/00:0c:29:ab:9c:34
Sending on   Socket/fallback
```

任务验证

配置 DHCP 客户端并验证 IP 地址是否自动配置。

（1）DHCP 客户端的配置：将研发部 DHCP 客户端 PC2 的 TCP/IP 参数配置为自动获取。

修改配置文件，将 BOOTPROTO 选项修改为 DHCP，代码如下：

```
[root@2Jan16 network-scripts]# vim ifcfg-ens34
【...省略显示部分内容...】
BOOTPROTO="dhcp"
【...省略显示部分内容...】
```

（2）查看客户端的 IP 地址。启用禁用网卡，查看 DHCP 中继代理服务是否配置成功，代码如下：

```
[root@2Jan16 ~]# nmcli connection down ens34
[root@2Jan16 ~]# nmcli connection up ens34
[root@2Jan16 ~]# nmcli device show ens34
【...省略显示部分内容...】
IP4.ADDRESS[1]:                     192.168.2.10/24
IP4.GATEWAY:                        192.168.2.254
IP4.ROUTE[1]:                       dst = 192.168.2.0/24, nh = 0.0.0.0, mt = 0
IP4.ROUTE[2]:                       dst = 0.0.0.0/0, nh = 192.168.2.254, mt = 0
IP4.DNS[1]:                         192.168.1.2
【...省略显示部分内容...】
```

（3）使用 cat 命令查看 resolv.conf 文件，代码如下：

```
[root@2Jan16 network-scripts]# cat /etc/resolv.conf
; generated by /usr/sbin/dhclient-script
nameserver 192.168.1.2
```

任务6-4　DHCP 服务器的日常运维与管理

任务规划

在公司 DHCP 服务器运行了一段时间后，员工反映现在计算机接入网络变得简单快捷，体验很好。公司 DHCP 服务已经成为企业基础网络架构的重要服务之一，因此，公司希望网络部门能对该服务进行日常监控与管理，务必保障该服务的可用性。

提高 DHCP 服务的可用性一般通过以下两种途径来实现。

（1）在日常网络运维中，对 DHCP 服务进行监控，查看 DHCP 服务是否正常工作。

（2）对 DHCP 服务定期进行备份，一旦 DHCP 服务出现故障，可以通过备份快速还原。

任务实施

1．使用 systemctl status dhcpd 命令查看服务状态

确保服务处于 active (running)状态，后续可以安装 Zabbix 对 DHCP 服务进行实时监控。配置命令如下：

```
[root@DHCPserver dhcp]# systemctl status dhcpd
● dhcpd.service - DHCPv4 Server Daemon
  Loaded: loaded (/usr/lib/systemd/system/dhcpd.service; disabled; vendor preset:
disabled)
   Active: active (running) since Tue 2020-07-28 22:37:41 EDT; 8min ago
     Docs: man:dhcpd(8)
      man:dhcpd.conf(5)
 Main PID: 13357 (dhcpd)
   Status: "Dispatching packets..."
    Tasks: 1 (limit: 23858)
   Memory: 5.1M
   CGroup: /system.slice/dhcpd.service
           └─13357 /usr/sbin/dhcpd -f -cf /etc/dhcp/dhcpd.conf -user dhcpd -group
dhcpd --no-pid
```

2．DHCP 服务的备份

对 DHCP 服务进行备份，只需要将配置文件保存下来即可，可以创建定时任务进行备份，备份的要求为将配置文件保存到/backup/dhcp 目录下，每周星期天进行一次备份，备份的格式为文件名称后加备份时间，文件的后缀为.bak。配置命令如下：

```
[root@DHCPserver ~]# crontab -e
* * * * 0 /usr/bin/mkdir -p /backup/dhcp/
*   *   *   *   0   /usr/bin/cp   /etc/dhcp/dhcpd.conf   /backup/dhcp/dhcpd.conf_$(date
+\%Y\%m\%d).bak
 [root@DHCPserver ~]# crontab -l
* * * * 0 /usr/bin/mkdir -p /backup/dhcp/
*   *   *   *   0   /usr/bin/cp   /etc/dhcp/dhcpd.conf   /backup/dhcp/dhcpd.conf_$(date
+\%Y\%m\%d).bak
```

3. DHCP 服务的还原

如果 DHCP 服务出现故障，则可以采用 DHCP 的 Failover 协议实施 DHCP 的热备份。采用 DHCP 的 Failover 协议实施 DHCP 的热备份，有如下优点。

（1）一台服务器出现故障不影响正常的 DHCP 服务，因此，可以将故障机下线维修好后再上线。

（2）单台服务器出现故障对用户没有任何影响。

（3）此方案采用双机热备，负载相对可以均衡地分布在两台服务器上，因此可以更好地应对严重的 DHCP 攻击等突发事件。

4. DHCP 服务配置文件的语法格式检查

在书写 DHCP 服务配置文件的内容时，出现了语法错误后，DHCP 服务是无法正常启动的，可以使用 DHCP 服务内的命令去查询语法格式。配置命令如下：

```
[root@DHCPserver ~]# dhcpd -t -cf /etc/dhcp/dhcpd.conf
Internet Systems Consortium DHCP Server 4.3.6
Copyright 2004-2017 Internet Systems Consortium.
All rights reserved.
For info, please visit https://www.isc.org/software/dhcp/
/etc/dhcp/dhcpd.conf line 4: semicolon expected.
       rang 192.
             ^
/etc/dhcp/dhcpd.conf line 7: semicolon expected.
       default-lease-time
        ^
Configuration file errors encountered -- exiting

This version of ISC DHCP is based on the release available
on ftp.isc.org. Features have been added and other changes
have been made to the base software release in order to make
it work better with this distribution.
```

```
Please report issues with this software via:
https://bugs.centos.org/

exiting.
```

在使用命令后，已经提示了错误的位置和错误的行数，可以对照该提示去修改。错误1为range拼写错误，错误2为语句结束没有添加分号。

5. DHCP服务的故障排查

当DHCP客户端无法发现DHCP服务器或无法获取正确的IP地址时，可以检查以下方面。

（1）查看DHCP服务器和DHCP客户端之间的物理连通性，是否存在丢包或延迟较大的情况。

（2）使用抓包软件查看DHCP服务协商的4个流程是否出现错误。

（3）DHCP服务器地址池网段是否配置错误。

（4）DHCP服务未正常启动。

（5）查看DHCP服务的日志文件，对于大部分问题，里面都会给出提示。例如，DHCP服务器IP地址租约时间设置过长、地址池IP地址分配完毕、没有空闲IP地址，也能导致DHCP客户端无法获取IP地址，或者DHCP客户端在其他的DHCP服务器获取不正确的IP地址。配置命令如下：

```
[root@DHCPserver ~]# systemctl status dhcpd
● dhcpd.service - DHCPv4 Server Daemon
   Loaded: loaded (/usr/lib/systemd/system/dhcpd.service; disabled; vendor preset: disabled)
   Active: active (running) since Wed 2020-07-29 05:21:59 EDT; 16min ago
     Docs: man:dhcpd(8)
           man:dhcpd.conf(5)
 Main PID: 18322 (dhcpd)
   Status: "Dispatching packets..."
    Tasks: 1 (limit: 23858)
   Memory: 5.2M
   CGroup: /system.slice/dhcpd.service
           └─18322 /usr/sbin/dhcpd -f -cf /etc/dhcp/dhcpd.conf -user dhcpd -group dhcpd --no-pid

Jul 29 05:36:09 dhcp.Jan16.cn dhcpd[18322]: DHCPDISCOVER from 00:0c:29:10:94:b3 via ens34: network 192.168.1.0/24: no free leases
Jul 29 05:36:09 dhcp.Jan16.cn dhcpd[18322]: DHCPDISCOVER from 00:0c:29:10:94:b3 via 192.168.1.2: network 192.168.1.0/24: no free leases
Jul 29 05:36:20 dhcp.Jan16.cn dhcpd[18322]: DHCPDISCOVER from 00:0c:29:10:94:b3 via ens34: network 192.168.1.0/24: no free leases
```

```
Jul 29 05:36:20 dhcp.Jan16.cn dhcpd[18322]: DHCPDISCOVER from 00:0c:29:10:94:b3 via 192.168.1.2: network 192.168.1.0/24: no free leases
Jul 29 05:36:33 dhcp.Jan16.cn dhcpd[18322]: DHCPDISCOVER from 00:0c:29:10:94:b3 via ens34: network 192.168.1.0/24: no free leases
Jul 29 05:36:33 dhcp.Jan16.cn dhcpd[18322]: DHCPDISCOVER from 00:0c:29:10:94:b3 via 192.168.1.2: network 192.168.1.0/24: no free leases
Jul 29 05:36:48 dhcp.Jan16.cn dhcpd[18322]: DHCPDISCOVER from 00:0c:29:10:94:b3 via ens34: network 192.168.1.0/24: no free leases
Jul 29 05:36:48 dhcp.Jan16.cn dhcpd[18322]: DHCPDISCOVER from 00:0c:29:10:94:b3 via 192.168.1.2: network 192.168.1.0/24: no free leases
Jul 29 05:36:59 dhcp.Jan16.cn dhcpd[18322]: DHCPDISCOVER from 00:0c:29:10:94:b3 via ens34: network 192.168.1.0/24: no free leases
Jul 29 05:36:59 dhcp.Jan16.cn dhcpd[18322]: DHCPDISCOVER from 00:0c:29:10:94:b3 via 192.168.1.2: network 192.168.1.0/24: no free leases
```

任务验证

查看在/backup/dhcp 目录内是否存在备份文件，代码如下：

```
[root@DHCPserver bak]# ll
total 8
-rw-r--r-- 1 root root 488 Jul 29 04:51 dhcpd.conf_20200729.bak
```

练习与实践

一、理论题

1．DHCP 服务的配置文件为（　　）。

A．/etc/dhcp/dhcpd6.conf　　B．/etc/dhcp/dhcpd.conf

C．/etc/dhcp/dhcpclient.conf　　D．/etc/dhcp/dhcpclient.d

2．查询已安装软件包 DHCP 内所含文件信息的命令是（　　）。

A．rpm -qa dhcp-server　　B．rpm -ql dhcp-server

C．rpm -V dhcp-server　　D．rpm -qp dhcp-server

3．DHCP 服务器为跨网段的设备分配 IP 地址，需要以下哪个服务的帮助？（　　）

A．路由　　B．网关

C．DHCP 中继代理服务　　D．防火墙

4．可以使用哪些方法来查看 DHCP 服务是否正常启动？（　　）

A．find / dhcp　　B．less var/log/message

C．cat /etc/passwd　　D．ss -tunlp

5．DHCP 服务配置文件中的参数 option routers 代表的含义是（　　）。

A．分配给 DHCP 客户端一个固定的地址

B．为 DHCP 客户端指定子网掩码

C．为 DHCP 客户端指定 DNS 域名

D．为 DHCP 客户端指定默认网关

6．DHCP 服务器分配给 DHCP 客户端的默认租约时间是几天？（　　）

A．8　　B．7　　C．6　　D．5

7．在 Linux 系统下，DHCP 可以通过以下什么命令重新获取 TCP/IP 参数？（　　）

A．dhclient -v eth0　　B．dhclient -r eth0 /all

C．ipconfig /renew　　D．ipconfig /release

二、项目实训题

1．项目描述

Jan16 公司内部原有的办公计算机全部使用静态 IP 地址实现互连互通，由于公司规模不断扩大，需要通过部署 DHCP 服务来实现销售部、行政部和财务部的所有计算机动态获取 TCP/IP 参数，实现全网连通。根据公司的网络规划，划分 VLAN1、VLAN2 和 VLAN3 三个网段，网络地址分别为 172.20.0.0/24、172.21.0.0/24 和 172.22.0.0/24。公司采用 CentOS 服务器作为各部门互连的路由器。Jan16 公司的网络拓扑如图 6-8 所示，根据所给网络拓扑配置好网络环境。

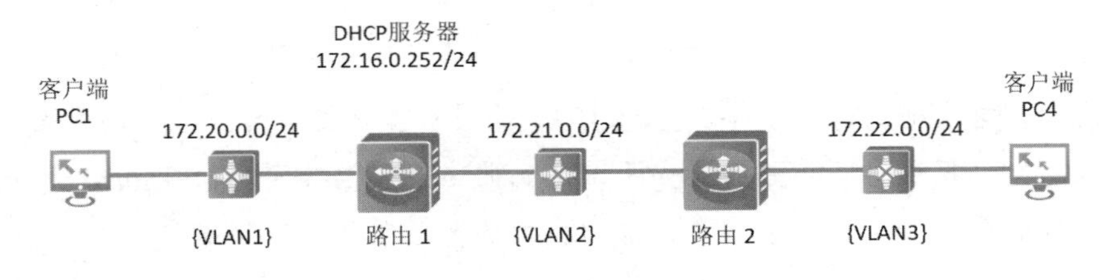

图 6-8　Jan16 公司的网络拓扑

2．项目要求

（1）根据公司的网络拓扑，分析网络需求，配置各台计算机，实现全网连通。

（2）部署 DHCP 服务，实现 PC1 通过 DHCP 服务自动获取 IP 地址并能与 PC4 进行通信。

（3）结果验证：使用 ip address show 命令查看每台计算机 IP 地址的配置结果。

项目 7　部署企业的 DNS 服务

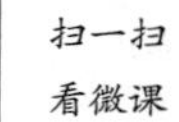

学习目标

（1）了解 DNS 的基本概念。

（2）掌握 DNS 域名的解析过程。

（3）掌握主 DNS 服务器、辅助 DNS 服务器和委派 DNS 服务器等的概念与应用。

（4）掌握 DNS 服务的备份与还原等常规维护与管理技能。

（5）掌握多区域企业组织架构下 DNS 服务的部署业务实施流程和职业素养。

项目描述

Jan16 公司总部位于北京，子公司位于广州，并在香港建有公司办事处，总公司和子公司建有公司大部分的应用服务器，办事处仅有少量的应用服务器。

现阶段，公司内部的计算机全部通过 IP 地址来实现互相访问，员工经常抱怨 IP 地址众多且难以记忆，想要访问相关的业务系统感到非常麻烦。公司要求 Linux 运维工程师尽快部署域名解析系统，实现基于域名来访问公司的业务系统，以提高工作效率。

基于此，公司信息部 Linux 运维工程师针对公司网络拓扑和服务器情况做了一份 DNS 部署规划方案，具体内容如下所述。

（1）DNS 服务器的部署。主 DNS 服务器主要部署在北京，负责公司 Jan16.cn 域名的管理和总部计算机域名的解析；在广州子公司部署一台委派 DNS 服务器，负责 gz.Jan16.cn 域名的管理和广州区域计算机域名的解析；在香港办事处部署一台辅助 DNS 服务器，负责香港区域计算机域名的解析。

（2）公司域名规划。Linux 运维工程师为主要应用服务器做了域名的规划，域名、IP 地址和服务器名称的映射关系如表 7-1 所示。

表 7-1 域名、IP 地址和服务器名称的映射关系

服务器角色	服务器名称	IP 地址	域 名	位 置
主 DNS 服务器	DNS	192.168.1.1/24	dns.Jan16.cn	北京总部
Web 服务器	Web	192.168.1.10/24	www.Jan16.cn	北京总部
委派 DNS 服务器	GZDNS	192.168.1.100/24	dns.gz.Jan16.cn	广州子公司
文件服务器	FS	192.168.1.101/24	fs.gz.Jan16.cn	广州子公司
辅助 DNS 服务器	HKDNS	192.168.1.200/24	dns.hk.Jan16.cn	香港办事处

（3）公司 DNS 服务器的日常管理。Linux 运维工程师应具备对 DNS 服务器进行日常维护的能力，包括启动和关闭 DNS 服务、DNS 递归查询管理等，并要求 Linux 运维工程师每月备份一次 DNS 服务的数据，在 DNS 服务出现故障时能利用备份数据快速重建。公司网络拓扑如图 7-1 所示。

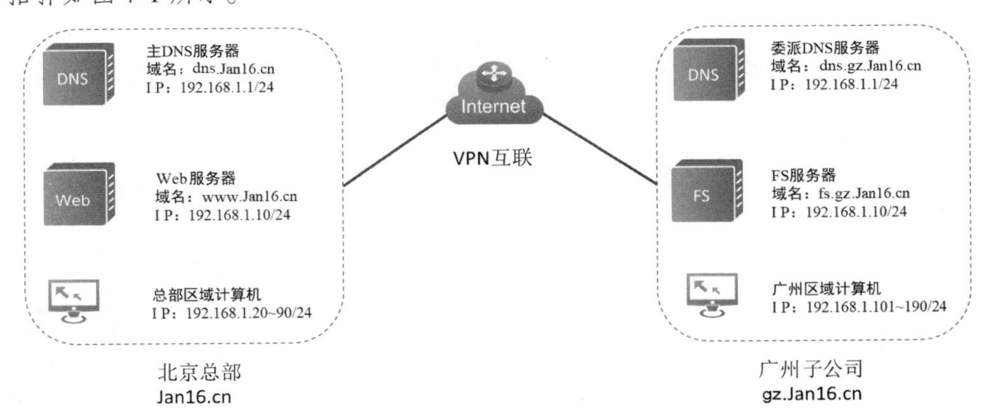

图 7-1 公司网络拓扑

项目分析

DNS 服务被应用于域名和 IP 地址的映射，相对于 IP 地址，域名更容易被用户记忆，通过部署 DNS 服务器可以实现计算机使用域名来访问各种应用服务器，以提高工作效率。

在企业网络中，常根据企业地理位置和所管理域名的数量，部署不同类型的 DNS 服务器来解决域名解析问题。常见的 DNS 服务器的角色包括主 DNS 服务、辅助 DNS 服务和委派 DNS 服务等。

根据 Jan16 公司网络拓扑和项目需求，本项目可以通过以下工作任务来完成，具体如下所述。

（1）实现北京总部主 DNS 服务器的部署：在北京总部部署主 DNS 服务器。

（2）实现广州子公司委派 DNS 服务器的部署：在广州子公司部署委派 DNS 服务器。

（3）实现香港办事处辅助 DNS 服务器的部署：在香港办事处部署辅助 DNS 服务器。

（4）DNS 服务器的管理：熟悉 DNS 服务器的常规管理任务。

相关知识

在 TCP/IP 网络中，计算机之间进行通信需要依靠 IP 地址。然而，由于 IP 地址是一些数字的组合，对于普通用户来说，记忆和使用都非常不方便。想要解决该问题，不仅需要为用户提供一种友好并方便记忆和使用的名称，还需要将该名称转换为 IP 地址，以便实现网络通信。DNS（域名系统）就是一套使用简单、易记的名称来映射 IP 地址的解决方案。

7.1 DNS 基本概念

1．DNS

DNS 是 Domain Name System（域名系统）的缩写，域名虽然便于人们记忆，但是计算机只能通过 IP 地址来进行通信，域名与 IP 地址之间的转换工作称为域名解析。域名解析需要由专门的域名解析服务器来完成，DNS 就是进行域名解析的服务器。

DNS 名称采用 FQDN（Fully Qualified Domain Name，完全合格域名）的形式，由主机名和域名两部分组成。例如，www.baidu.com 就是一个典型的 FQDN。其中，baidu.com 是域名，表示一个区域；www 是主机名，表示 baidu.com 区域内的一台主机。

2．域名空间

DNS 的域是一种分布式的层次结构。DNS 域名空间包括根域（root domain）、顶级域（top-level domains）、二级域（second-level domains）及子域（subdomains）。例如，www.pconline.com.cn，其中，英文句点（.）为根域，cn 为顶级域，com 为二级域，pconline 为三级域，www 为主机名。

DNS 规定，域名中的标号都由英文字母和数字组成，每个标号不超过 63 个字符，也不区分大小写字母。标号中除连字符（-）外不能使用其他的标点符号。级别最低的域名写在最左边，而级别最高的域名写在最右边。由多个标号组成的完整域名总共不超过 255 个字符。域名体系层次结构如图 7-2 所示。

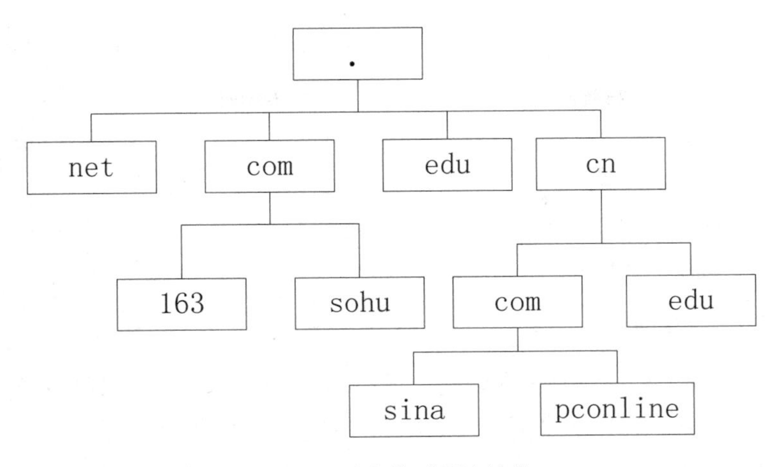

图 7-2 域名体系层次结构

顶级域有两种类型的划分方式：机构域和地理域。表 7-2 所示为常用的机构域和地理域。

表 7-2 常用的机构域和地理域

机构域		地理域	
顶级域名	类型	顶级域名	国家/地区
.com	商业组织	.cn	中国
.edu	教育组织	.us	美国
.net	网络支持组织	.fr	法国
.gov	政府机构	.hk	中国香港
.org	非商业性组织	.mo	中国澳门
.int	国际组织	.tw	中国台湾

7.2 DNS 服务器的分类

DNS 服务器用于实现 DNS 名称和 IP 地址的双向解析，将域名解析为 IP 地址的过程称为正向解析，将 IP 地址解析为域名的过程称为反向解析。在网络中，主要存在 4 种 DNS 服务器：主 DNS 服务器、辅助 DNS 服务器、转发 DNS 服务器和缓存 DNS 服务器。

1．主 DNS 服务器

主 DNS 服务器是特定 DNS 域内所有信息的权威性信息源。主 DNS 服务器保存着自主生产的区域文件，该文件是可读/写的。当 DNS 区域中的信息发生变化时，这些变化都会保存到主 DNS 服务器的区域文件中。

2．辅助 DNS 服务器

辅助 DNS 服务器不创建区域数据，它的区域数据是从主 DNS 服务器中复制来的，因此，区域数据只能读不能修改，也称副本区域数据。当启动辅助 DNS 服务器时，辅助 DNS

服务器会和主 DNS 服务器建立联系，并从主 DNS 服务器中复制区域数据。辅助 DNS 服务器在工作时，会定期地更新副本区域数据，以尽可能地保证副本区域数据和正本区域数据的一致性。辅助 DNS 服务器除了可以从主 DNS 服务器中复制区域数据，还可以从其他辅助 DNS 服务器中复制区域数据。

在一个区域中设置多个辅助 DNS 服务器可以提供容错，分担主 DNS 服务器的负担，同时可以加快 DNS 解析的速度。

3．转发 DNS 服务器

转发 DNS 服务器用于将 DNS 客户端的解析请求转发给其他 DNS 服务器。当 DNS 服务器收到 DNS 客户端的解析请求后，它首先会尝试从本地数据库中查找。若能找到，则将解析结果返回给 DNS 客户端；若未找到，则需要向其他 DNS 服务器转发解析请求。其他 DNS 服务器在完成解析后会返回解析结果，转发 DNS 服务器会将该结果存储在自己的缓存中，同时返回给 DNS 客户端解析结果。后续如果 DNS 客户端再次请求解析相同的名称，转发 DNS 服务器会根据缓存记录结果回复该 DNS 客户端。

4．缓存 DNS 服务器

缓存 DNS 服务器可以提供名称解析，但是没有任何本地数据库文件。缓存 DNS 服务器必须同时是转发 DNS 服务器，它将 DNS 客户端的解析请求转发给其他 DNS 服务器，并将结果存储在缓存中。其与转发 DNS 服务器的区别在于没有本地数据库文件，缓存 DNS 服务器仅缓存本地局域网内 DNS 客户端的查询结果。缓存 DNS 服务器不是权威性的服务器，因为它所提供的所有信息都是间接信息。

7.3 DNS 的查询模式

DNS 客户端向 DNS 服务器提出查询，DNS 服务器做出响应的过程称为域名解析。

正向解析是当 DNS 客户端向 DNS 服务器提交域名查询 IP 地址，或者 DNS 服务器向另一台 DNS 服务器（提出查询的 DNS 服务器相对而言也是 DNS 客户端）提交域名查询 IP 地址时，DNS 服务器做出响应的过程称为正向解析。反过来，如果 DNS 客户端向 DNS 服务器提交 IP 地址查询域名，则 DNS 服务器做出响应的过程称为反向解析。

根据 DNS 服务器对 DNS 客户端的不同响应方式，域名解析可以分为两种类型：递归查询和迭代查询。

1．递归查询

递归查询发生在 DNS 客户端向 DNS 服务器发出解析请求时，DNS 服务器会向 DNS 客户端返回两种结果：查询到的结果或查询失败。如果当前 DNS 服务器无法解析名称，则其不会告知 DNS 客户端，而是自行向其他 DNS 服务器查询并完成解析，然后将解析结果反馈给 DNS 客户端。

2. 迭代查询

迭代查询通常在一台 DNS 服务器向另一台 DNS 服务器发出解析请求时使用。发起者向 DNS 服务器发出解析请求，如果当前 DNS 服务器未能在本地数据库中查询到请求的数据，则当前 DNS 服务器将告知另一台 DNS 服务器的 IP 地址给查询 DNS 服务器；然后，再由发起查询的 DNS 服务器自行向另一台 DNS 服务器发起查询；以此类推，直到查询到所需数据为止。

迭代的意思是：若在某地查询不到，则该地就会告知查询者其他地方的地址，让查询者转到其他地方去查询。

7.4　DNS 域名解析过程

DNS 域名解析过程如图 7-3 所示。

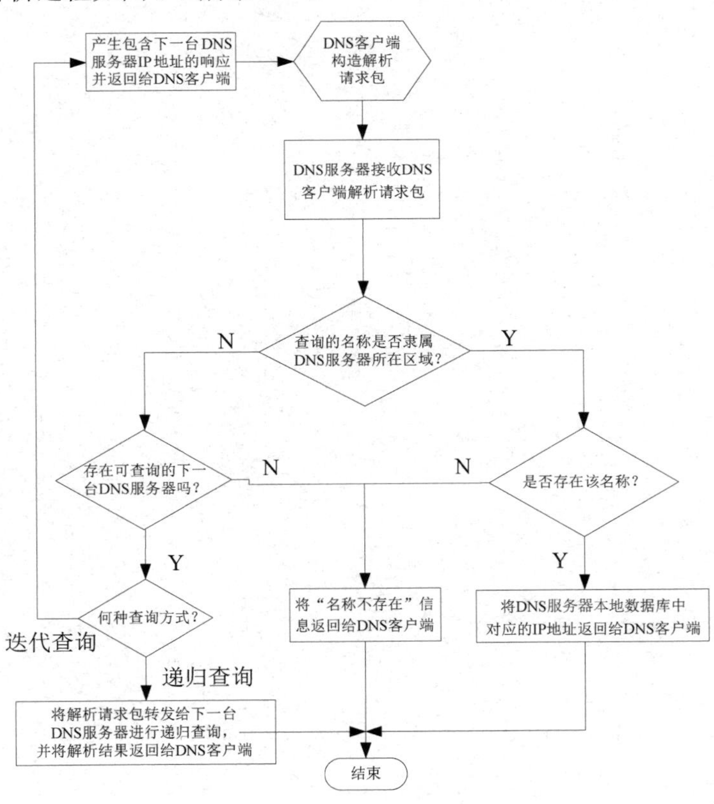

图 7-3　DNS 域名解析过程

7.5 DNS 服务常用文件及参数解析

一般的 DNS 服务配置文件分为全局配置文件、区域配置文件和正反向区域文件。

1. DNS 服务的全局配置文件/etc/named.conf

该文件包括了 DNS 服务的基本配置和根区域配置，其他区域配置使用了参数 include 加载外部的区域配置文件。全局配置文件/etc/name.conf 的部分输出如下：

```
//
// named.conf
//
options {
        listen-on port 53 { 127.0.0.1; };
        listen-on-v6 port 53 { ::1; };
        directory       "/var/named";
        dump-file       "/var/named/data/cache_dump.db";
        statistics-file "/var/named/data/named_stats.txt";
        memstatistics-file "/var/named/data/named_mem_stats.txt";
        secroots-file   "/var/named/data/named.secroots";
        recursing-file  "/var/named/data/named.recursing";
        allow-query     { localhost; };
【...省略显示部分内容...】
        recursion yes;
        dnssec-validation yes;
【...省略显示部分内容...】
logging {
        channel default_debug {
                file "data/named.run";
                severity dynamic;
        };
};

zone "." IN {
        type hint;
        file "named.ca";
};

include "/etc/named.rfc1912.zones";
include "/etc/named.root.key"
```

其中，options 配置段为全局性的配置，zone 配置段为区域性的配置，以//开头的内容为注释。全局配置文件常用的配置项及参数解析如表 7-3 所示。

表 7-3 全局配置文件常用的配置项及参数解析

常用的配置项	参数解析
listen-on port 53 {…};	用于设置 named 守护进程监听的 IP 地址和端口。在默认情况下，监听 127.0.0.1 的回环地址和 53 端口，在回环地址内只能监听本地客户端请求，可以通过命令来指定监听的 IP 地址，修改参数为 any 代表监听任何 IP 地址
listen-on-v6 port 53 {…};	限定监听 IPv6 的接口
directory " ";	用于指定 named 守护进程的工作目录，各区域正反向搜索解析文件和 DNS 根服务器地址列表文件（named.ca 文件）应放在该项目指定的目录中
allow-query {…};	用于设置允许 DNS 查询的客户端地址。修改参数为 any 代表匹配任何地址，none 代表不匹配任何地址，localhost 代表匹配本地主机所使用的所有 IP 地址，localnets 代表匹配同本地主机相连的网络中的所有主机
recursion yes;	用于设置是否允许递归查询，yes 为允许，no 为拒绝
dnssec-validation yes;	用于设置在 DNS 查询过程中是否使用 DNSSEC 验证，yes 为启用，no 为禁用
forward{};	用于定义 DNS 转发器。在设置了 DNS 转发器后，所有非本域和在缓存中无法解析的域名记录，可以由指定的 DNS 转发器来完成解析工作并进行缓存
zone "…"	代表该区域的名称为.，.为根域，是整个域名系统的最高级，该条目用于指定根服务器的配置信息
type hint;	代表该区域的区域类型。hint 代表根域，master 代表主域，slave 代表从域
file "name.ca"	指定根域的区域数据文件。区域数据文件默认保存在/var/named/目录中，该条目代表配置文件的目录在/var/named/named.ca 文件中
include "…";	指定区域配置文件，需要根据实际路径和名称进行修改

2．根区域文件/var/named/named.ca

/var/named/named.ca 文件是一个非常重要的文件，其包含了 Internet 内顶级域名服务器的名称和地址，包括 13 台根域名服务器，均支持双栈协议（同时支持 IPv4 协议和 IPv6 协议）。利用该文件可以让 DNS 服务器找到根域名服务器，并初始化 DNS 的缓冲区。当 DNS 服务器收到 DNS 客户端的查询请求时，如果在缓冲区中找不到对应的域名记录，就会通过服务器进行逐级查询。根区域文件/var/named/name.ca 的部分输出如下：

```
【...省略显示部分内容...】
.                       518400  IN      NS      i.root-servers.net.
.                       518400  IN      NS      j.root-servers.net.
.                       518400  IN      NS      k.root-servers.net.
.                       518400  IN      NS      l.root-servers.net.
.                       518400  IN      NS      m.root-servers.net.
;; ADDITIONAL SECTION:
a.root-servers.net.     518400  IN      A       198.41.0.4
b.root-servers.net.     518400  IN      A       199.9.14.201
c.root-servers.net.     518400  IN      A       192.33.4.12
【...省略显示部分内容...】
```

根区域文件的参数及解析如表 7-4 所示。

表 7-4　根区域文件的参数及解析

参　　数	解　　析
;	以;开头的行为注释行
".　　518400　　IN　　NS　　a.root-servers.net."	.表示根域；518400 代表存活期；IN 代表资源记录的网络类型，表示 Internet 类型；NS 代表资源记录类型，a.root-servers.net 代表主机域名
"a.root-servers.net.　　518400　IN　　A　　198.41.0.4"	A 资源记录用于指定根域名服务器的 IP 地址；a.root-servers.net 代表主机域名；518400 代表存活期；IN 代表资源记录的网络类型，表示 Internet 类型；198.41.0.4 代表根域名服务器对应的 IP 地址

3．区域配置文件/etc/named.rfc1912.zones

在设计初期，为了避免频繁修改全局配置文件而导致 DNS 服务出错，所以区域信息的规则保存在区域配置文件内，用于定义域名与 IP 地址解析规则文件的保存位置及区域服务类型等内容需要谨慎修改，在编辑该文件前可以对该文件进行备份，修改名称为 named.zones，并修改/etc/ named.conf 文件中的 include 选项。

区域配置文件/etc/named.rfc1912.zones 的部分输出如下：

```
zone "localhost.localdomain" IN {
        type master;
        file "named.localhost";
        allow-update { none; };
};
【...省略显示部分内容...】
zone "1.0.0.127.in-addr.arpa" IN {
        type master;
        file "named.loopback";
        allow-update { none; };
【...省略显示部分内容...】
```

区域配置文件的参数及解析如表 7-5 所示。

表 7-5　区域配置文件的参数及解析

参　　数	解　　析
type master;	代表该区域的区域类型。hint 代表根域，master 代表主域，slave 代表从域
file "named.localhost";	指定（正向/反向）查询区域的文件
allow-update{none;};	是否允许客户端动态更新，none 代表不允许动态更新

4．正向区域文件/var/named/named.localhost 和反向区域文件/var/named/named.loopback

在 DNS 区域配置中的每个区域都指定了区域配置文件，区域配置文件内定义了域名与 IP 地址之间的映射关系。例如，localhost 的区域文件为 named.localhost，1.0.0.127 的区域数据文件为 named.loopback。一般在配置正向区域时，会复制 named.localhost 文件作为样例；在配置反向区域时，会复制 named.loopback 文件作为样例。当复制样例文件时，需要添加参数-p，以确保 named 用户对文件具有读取权限。

正向区域文件/var/named/named.localhost 的部分输出如下：

```
$TTL 1D
@       IN SOA  @ rname.invalid. (
                                        0       ; serial
                                        1D      ; refresh
                                        1H      ; retry
                                        1W      ; expire
                                        3H )    ; minimum
        NS      @
        A       127.0.0.1
        AAAA    ::1
```

反向区域文件/var/named/named.loopback 的部分输出如下：

```
$TTL 1D
@       IN SOA  @ rname.invalid. (
                                        0       ; serial
                                        1D      ; refresh
                                        1H      ; retry
                                        1W      ; expire
                                        3H )    ; minimum
        NS      @
        A       127.0.0.1
        AAAA    ::1
        PTR     localhost.
```

正向区域文件和反向区域文件常用的参数及解析如表 7-6 所示。

表 7-6　正向区域文件和反向区域文件常用的参数及解析

参　　数	解　　析
$TTL 1D	代表地址解析记录的默认缓存天数，TTL 为最小时间间隔，单位为秒。1D 代表一天
@	代表该域的替换符，即当前 DNS 的区域名
IN	代表网络类型
SOA	Start Of Authority，起始授权记录，代表资源记录类型。一个区域解析库有且仅能有一个 SOA 记录，必须位于解析库的第一条记录
rname.invalid.	代表管理员邮箱地址
0　　; serial	serial 为该文件的版本号，0 为更新序列表，序列号格式为 yyyymmddnn，该数据代表辅助 DNS 服务器与主 DNS 服务器进行同步功能所需要比对的值。如果同步时比较值比最后一次更新的值大，则进行区域复制

续表

参　数	解　析
1D　　; refresh	代表刷新时间为一天，该值定义了辅助 DNS 服务器根据定义的时间，周期性检查主 DNS 服务器的序列号是否发生改变，如果发生改变，则进行区域复制
1H　　; retry	重试延时，定义当辅助 DNS 服务器在更新间隔到期后，仍然无法与主 DNS 服务器通信时，重试区域复制的时间间隔，默认为 1 小时
1W　　; expire	失效时间，定义如果辅助 DNS 服务器在特定的时间间隔内无法与主 DNS 服务器取得联系，则该辅助 DNS 服务器上的数据库文件被认定为无效，不再响应查询请求
3H)　　; minimum	存活时间，对于没有特别指定存活时间的资源记录，默认取值为 3 小时
NS　　@	Name Server，专门用于标明当前区域的 DNS 服务器，格式为@　IN　NS　dns.Jan16.cn.
A　　127.0.0.1	Internet Address，用于定义域名与 IP 地址之间的映射关系（FQDN→P），格式为 dns　IN　A　192.168.1.1
PTR　　localhost.	Pointer，指针记录，用于定义 IP 地址与域名之间的映射关系（IP→FQDN），格式为 1　IN　RTP　dns.Jan16.cn，1 代表 IP 地址为 192.168.1.1
@　IN　MX　10　mail.Jan16.cn	Mail eXchanger，定义邮箱服务器，优先级为 10，数字越小，优先级越高
web　IN　CNAME　www.Jan16.cn	Canonical Name，定义别名，代表 web.Jan16.cn 是 www.Jan16.cn 的别名

项目实施

任务 7-1　实现北京总部主 DNS 服务器的部署

任务规划

公司总部为了保证网络的正常运行，计划部署 DNS 服务器，现已为总部准备了一台安装有 CentOS 8 系统的服务器。北京总部网络拓扑如图 7-4 所示。

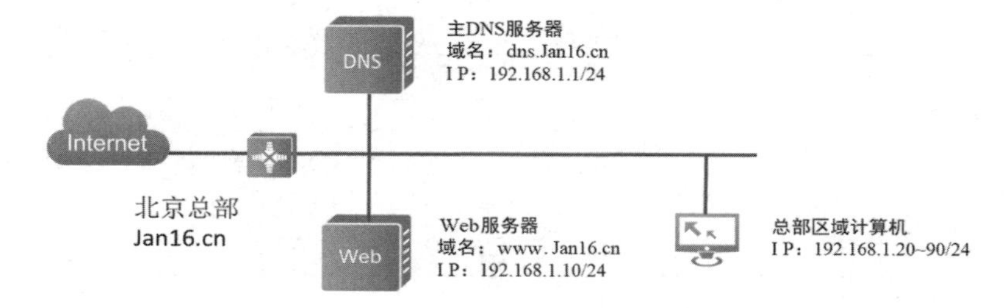

图 7-4　北京总部网络拓扑

公司要求Linux运维工程师部署DNS服务，以实现客户端基于域名来访问公司门户网站。北京总部服务器的域名、IP地址和服务器名称的映射关系如表7-7所示。

表7-7　北京总部服务器的域名、IP地址和服务器名称的映射关系

服务器角色	服务器名称	IP地址	域　　名	位　　置
主DNS服务器	DNS	192.168.1.1/24	dns.Jan16.cn	北京总部
Web服务器	Web	192.168.1.10/24	www.Jan16.cn	北京总部

因此，在北京总部的主DNS服务器上安装CentOS 8系统后，可以通过以下步骤来部署总部的DNS服务。

（1）配置DNS服务的角色与功能。

（2）为Jan16.cn创建主要区域。

（3）为北京总部的服务器注册域名。

（4）为北京总部的客户端配置DNS服务器地址。

任务实施

1．配置DNS服务的角色与功能

（1）安装DNS服务，使用yum命令对包进行下载和安装。需要安装的包为bind、bind-chroot和bind-utils，在下载完成后，使用rpm命令来查看是否已安装。配置命令如下：

```
[root@DNS ~]# yum -y install bind bind-chroot bind-utils
[root@DNS ~]# rpm -qa | grep bind
bind-libs-9.11.13-5.el8_2.x86_64
python3-bind-9.11.13-5.el8_2.noarch
bind-license-9.11.13-5.el8_2.noarch
bind-libs-lite-9.11.13-5.el8_2.x86_64
bind-9.11.13-5.el8_2.x86_64
bind-utils-9.11.13-5.el8_2.x86_64
bind-export-libs-9.11.13-3.el8.x86_64
bind-chroot-9.11.13-5.el8_2.x86_64
```

（2）在DNS服务安装完成后，启动DNS服务并设置为开机自动启动，检查服务的状态。配置命令如下：

```
[root@DNS ~]# systemctl start named
[root@DNS ~]# systemctl enable named
Created symlink /etc/systemd/system/multi-user.target.wants/named.service →
/usr/lib/systemd/system/named.service.
[root@DNS ~]# systemctl status named
 named.service - Berkeley Internet Name Domain (DNS)
   Loaded: loaded (/usr/lib/systemd/system/named.service; enabled; vendor preset:
disabled)
```

```
   Active: active (running) since Wed 2020-07-29 22:19:25 EDT; 16s ago
 Main PID: 19793 (named)
    Tasks: 7 (limit: 23858)
   Memory: 63.0M
   CGroup: /system.slice/named.service
           └─19793 /usr/sbin/named -u named -c /etc/named.conf
...
```

（3）配置主DNS服务器的IP地址为192.168.1.1/24，将DNS服务器的地址设置为本机IP地址。配置命令如下：

```
[root@Jan16 ~]# nmcli connection modify ens34 ipv4.addresses 192.168.1.1/24 ipv4.dns 
192.168.1.1
[root@Jan16 ~]# nmcli connection up ens34
```

（4）查看/etc/resolv.conf文件。配置命令如下：

```
[root@Jan16 named]# cat /etc/resolv.conf
# Generated by NetworkManager
search cn
nameserver 192.168.1.1
```

2．为Jan16.cn创建主要区域

（1）DNS服务的主要配置文件有/etc/named.conf（全局配置文件）、/etc/named.rfc1912.zones（区域配置文件）和/var/named/named.localhost（正向区域文件）。首先需要打开全局配置文件进行全局配置，修改监听范围为any，允许客户端查询修改为any。配置命令如下：

```
[root@DNS ~]# vim /etc/named.conf
//
// named.conf
//
// Provided by Red Hat bind package to configure the ISC BIND named(8) DNS
// server as a caching only nameserver (as a localhost DNS resolver only).
//
// See /usr/share/doc/bind*/sample/ for example named configuration files.
//

options {
    listen-on port 53 { any; };      //将127.0.0.1修改为any
    listen-on-v6 port 53 { ::1; };
    directory     "/var/named";
    dump-file     "/var/named/data/cache_dump.db";
    statistics-file "/var/named/data/named_stats.txt";
    memstatistics-file "/var/named/data/named_mem_stats.txt";
    secroots-file    "/var/named/data/named.secroots";
    recursing-file    "/var/named/data/named.recursing";
```

```
    allow-query     { any; };      //将 localhost 修改为 any
```

（2）在区域配置文件内的末行定义域名和该区域配置文件的名称，由于在全局配置文件内已经定义了区域数据文件存放的位置，因此在定义之后，在访问全局配置文件时会自动去查找区域配置文件。配置命令如下：

```
[root@DNS ~]# vim /etc/named.rfc1912.zones
zone "Jan16.cn" IN {
        type master;
        file "Jan16.cn.zone";
        allow-update { none; };
};
```

（3）在北京总部的主 DNS 服务器上复制正向区域文件/var/named/named.localhost，修改名称为 Jan16.cn.zone，即刚才在区域配置文件内填写的文件名称。需要注意的是，由于区域配置文件的组是 root 所有，因此在复制时需要添加参数-p，以确保 named 用户可以访问该文件，确保服务正常启动。配置命令如下：

```
[root@DNS ~]# cp -p /var/named/named.localhost /var/named/Jan16.cn.zone
```

（4）修改 Jan16.cn.zone 文件内的参数。主 DNS 服务器的域名为 dns.Jan16.cn，IP 地址为 192.168.1.1；Web 服务器的域名为 web.Jan16.cn，IP 地址为 192.168.1.10。配置命令如下：

```
[root@DNS ~]# vim /var/named/Jan16.cn.zone
$TTL 1D
@       IN SOA  @ root.Jan.cn. (
                                        0       ; serial
                                        1D      ; refresh
                                        1H      ; retry
                                        1W      ; expire
                                        3H )    ; minimum
        NS      dns
dns     A       192.168.1.1
web     A       192.168.1.10
```

（5）使用 named 相关命令来检查配置文件是否正确。配置命令如下：

```
[root@DNS ~]# named-checkconf /etc/named.conf
[root@DNS ~]# named-checkconf /etc/named.rfc1912.zones
[root@DNS ~]# named-checkzone J16.cn /var/named/Jan16.cn.zone
zone J16.cn/IN: loaded serial 0
OK
```

（6）重启 DNS 服务，检查服务的状态。配置命令如下：

```
[root@DNS ~]# systemctl restart named
[root@DNS ~]# systemctl status named
```

（7）切换到客户端，修改 IP 地址为 192.168.1.20/24，修改 DNS 服务器的 IP 地址为 192.168.1.1。配置命令如下：

```
[root@Test ~]# nmcli connection modify ens34 ipv4.addresses 192.168.1.20/24 ipv4.dns 192.168.1.1
[root@Test ~]# nmcli connection up ens34

[root@Test ~]# cat /etc/resolv.conf
# Generated by NetworkManager
nameserver 192.168.1.1
```

任务验证

1．测试 DNS 服务是否安装成功

在 DNS 服务器内检查服务监听的端口是否正常启动，代码如下：

```
[root@DNS ~]# ss -tnl | grep 53

LISTEN    0      10         192.168.1.1:53            0.0.0.0:*
LISTEN    0      10        192.168.9.81:53            0.0.0.0:*
LISTEN    0      10           127.0.0.1:53            0.0.0.0:*

LISTEN    0      10               [::1]:53               [::]:*
```

2．DNS 域名解析的测试

在 DNS 服务配置好后，对 DNS 域名解析的测试通常通过 ping 和 nslookup 等命令进行验证。

（1）在客户端上使用 ping 命令进行测试，如果域名对应的主机存在，则结果为可以 ping 通，代码如下：

```
[root@Test ~]# ping dns.Jan16.cn
PING dns.Jan16.cn (192.168.1.1) 56(84) bytes of data.
64 bytes from 192.168.1.1 (192.168.1.1): icmp_seq=1 ttl=64 time=1.39 ms
64 bytes from 192.168.1.1 (192.168.1.1): icmp_seq=2 ttl=64 time=0.834 ms
64 bytes from 192.168.1.1 (192.168.1.1): icmp_seq=3 ttl=64 time=0.705 ms
64 bytes from 192.168.1.1 (192.168.1.1): icmp_seq=4 ttl=64 time=0.653 ms
[root@Test ~]# ping web.Jan16.cn
PING web.Jan16.cn (192.168.1.10) 56(84) bytes of data.
64 bytes from Test (192.168.1.10): icmp_seq=1 ttl=64 time=0.534 ms
64 bytes from Test (192.168.1.10): icmp_seq=2 ttl=64 time=0.060 ms
64 bytes from Test (192.168.1.10): icmp_seq=3 ttl=64 time=0.080 ms
64 bytes from Test (192.168.1.10): icmp_seq=4 ttl=64 time=0.042 ms
```

（2）nslookup 命令是一个专门用于 DNS 域名解析测试的命令。在终端窗口中，执行 nslookup dns.Jan16.cn 命令，从命令返回结果可以看出，DNS 服务器解析域名 dns.Jan16.cn 对应的 IP 地址为 192.168.1.1，DNS 服务器解析域名 web.Jan16.cn 对应的 IP 地址为 192.168.1.10，代码如下：

```
[root@Test ~]# nslookup
> web.Jan16.cn
Server:         192.168.1.1
Address:     192.168.1.1#53

Name:    web.Jan16.cn
Address: 192.168.1.10
> dns.Jan16.cn
Server:         192.168.1.1
Address:     192.168.1.1#53

Name:    dns.Jan16.cn
Address: 192.168.1.1
> exit
```

任务 7-2　实现广州子公司委派 DNS 服务器的部署

任务规划

广州子公司是一个相对独立运营的实体，它希望能更加便捷地管理自己的域名系统，为此，广州子公司已经准备了一台安装有 CentOS 8 系统的服务器。广州子公司与北京总部的网络拓扑如图 7-5 所示。

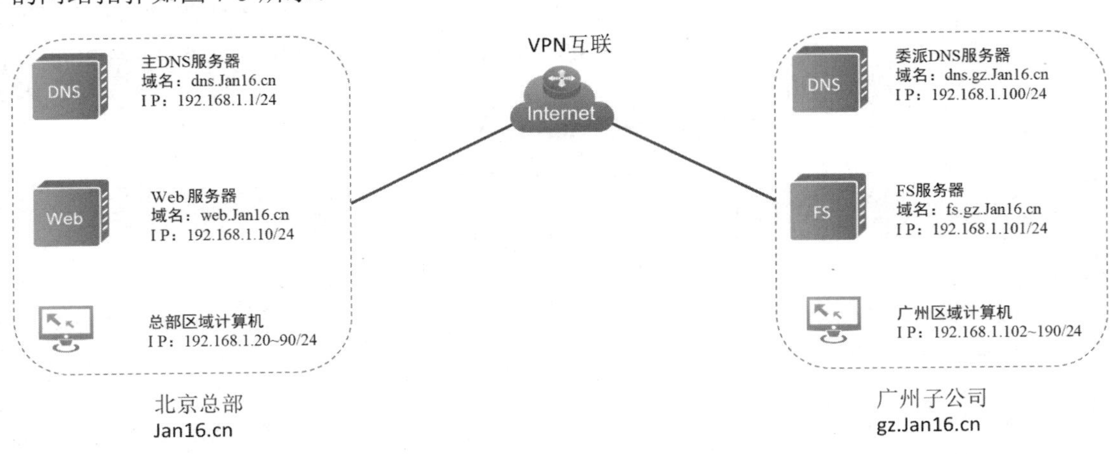

图 7-5　广州子公司与北京总部的网络拓扑

公司要求 Linux 运维工程师为广州子公司部署 DNS 服务，以实现客户端基于域名来访问公司各网站。广州子公司服务器的域名、IP 地址和服务器名称的映射关系如表 7-8 所示。

表 7-8　广州子公司服务器的域名、IP 地址和服务器名称的映射关系

服务器角色	计算机名称	IP 地址	域　名	位　置
委派 DNS 服务器	GZDNS	192.168.1.100/24	dns.gz.Jan16.cn	广州子公司
文件服务器	FS	192.168.1.101/24	fs.gz.Jan16.cn	广州子公司

公司如果在多个区域办公，本地部署的 DNS 服务器将提高本地客户端解析域名的速度；在子公司或分公司部署委派 DNS 服务器，可以将子域的域名管理委托给下一级 DNS 服务器，这样有利于降低主 DNS 服务器的负担，并对子域域名的管理带来便捷。委派 DNS 服务器常用于子公司或分公司的应用场景。

想要在广州子公司部署委派 DNS 服务器，可以通过以下步骤来完成。

（1）在北京总部的主 DNS 服务器上创建委派区域 gz.Jan16.cn。

（2）在广州子公司的委派 DNS 服务器上创建主要区域 gz.Jan16.cn，并为广州子公司的服务器注册域名。

（3）在广州子公司的委派 DNS 服务器上创建 Jan16.cn 的辅助 DNS。

（4）设置北京总部的主 DNS 服务器，允许广州子公司复制 DNS 服务器数据。

（5）在北京总部的主 DNS 服务器上创建 gz.Jan16.cn 的辅助 DNS。

（6）为广州子公司的客户端配置 DNS 地址。

任务实施

1. 在北京总部的主 DNS 服务器上创建委派区域 gz.Jan16.cn

（1）配置 DNS 服务的全局配置文件，将监听的 IP 网段和允许 DNS 查询的客户端地址都设置为 any，并注释 dnssec-validation yes、dnssec-enable yes 和 include "/etc/named.root.key" 这 3 个配置项。配置命令如下：

```
[root@DNS ~]# vim /etc/named.conf       //编辑全局配置文件
       listen-on port 53 { any; };      //将 127.0.0.1 修改为 any
        allow-query    { any; };        //将 localhost 修改为 any
//      dnssec-enable yes;              //将以下 3 行进行注释
//      dnssec-validation yes;
//      include "/etc/named.root.key";
```

（2）在区域配置文件内创建委派区域 gz.Jan16.cn，新增 NS 记录，指定在当前区域内的 DNS 服务器。配置命令如下：

```
[root@DNS ~]# vim /var/named/Jan16.cn.zone
$TTL 1D
@    IN SOA    @ root.Jan.cn. (
```

```
                0     ; serial
                1D    ; refresh
                1H    ; retry
                1W    ; expire
                3H )  ; minimum
NS    dns.Jan16.cn.
gz    NS    dns.gz.Jan16.cn.
dns    A    192.168.1.1
dns.gz    A    192.168.1.100
web    A    192.168.1.10
```

（3）重启 bind 服务，检查服务的状态。配置命令如下：

```
[root@DNS ~]# systemctl restart named
```

2．在委派 DNS 服务器内安装 DNS 服务并创建委派区域 gz.Jan16.cn

（1）配置委派 DNS 服务器的 IP 地址，并指定默认的 DNS 服务器的 IP 地址为 192.168.1.1，然后查看/etc/resolv.conf 文件。配置命令如下：

```
[root@GZDNS ~]# nmcli connection modify ens34 ipv4.addresses 192.168.1.100/24 ipv4.dns
192.168.1.1
[root@GZDNS ~]# nmcli connection up ens34
[root@GZDNS ~]# cat /etc/resolv.conf
# Generated by NetworkManager
search localdomain cn
nameserver 192.168.1.1
```

（2）在委派 DNS 服务器内安装 DNS 服务，使用 yum 命令对包进行下载和安装。需要安装的包为 bind、bind-chroot 和 bind-utils，在下载完成后，使用 rpm 命令来查看是否已安装。配置命令如下：

```
[root@GZDNS ~]# yum -y install bind bind-chroot bind-utils
[root@GZDNS ~]# rpm -qa | grep bind
bind-chroot-9.11.13-5.el8_2.x86_64
bind-license-9.11.13-5.el8_2.noarch
python3-bind-9.11.13-5.el8_2.noarch
bind-libs-lite-9.11.13-5.el8_2.x86_64
bind-9.11.13-5.el8_2.x86_64
bind-utils-9.11.13-5.el8_2.x86_64
bind-export-libs-9.11.13-3.el8.x86_64
bind-libs-9.11.13-5.el8_2.x86_64
```

（3）在 DNS 服务安装完成后，在委派 DNS 服务器上启动 DNS 服务，并设置为开机自动启动。配置命令如下：

```
[root@GZDNS ~]# systemctl start named
[root@GZDNS ~]# systemctl enable named
```

随后在委派 DNS 服务器上打开全局配置文件进行全局配置，将监听范围修改为 any，允许客户端查询选项的参数修改为any。配置命令如下：

```
[root@GZDNS ~]# vim /etc/named.conf
【...省略显示部分内容...】
options {
    listen-on port 53 { any; };
    listen-on-v6 port 53 { ::1; };
    directory              "/var/named";
    dump-file              "/var/named/data/cache_dump.db";
    statistics-file        "/var/named/data/named_stats.txt";
    memstatistics-file     "/var/named/data/named_mem_stats.txt";
    secroots-file          "/var/named/data/named.secroots";
    recursing-file         "/var/named/data/named.recursing";
    allow-query     { any; };
```

（4）在委派DNS服务器的区域配置文件内的末行定义域名和该区域配置文件的名称，由于在全局配置文件内已经定义了区域数据文件存放的位置，因此在定义之后，在访问全局配置文件时会自动去查找区域配置文件。配置命令如下：

```
[root@GZDNS ~]# vim /etc/named.rfc1912.zones
zone "gz.Jan16.cn" IN {
        type master;
        file "gz.Jan16.cn.zone";
        allow-update { none; };
};
```

（5）复制正向区域文件/var/named/named.localhost，修改名称为gz.Jan16.cn.zone，即刚才在区域配置文件内填写的文件名称。需要注意的是，由于区域配置文件的组是root所有，因此在复制时需要添加参数-p，以确保named用户可以访问该文件，确保服务正常启动。配置命令如下：

```
[root@GZDNS ~]# cd /var/named/
[root@GZDNS named]# cp -p named.localhost gz.Jan16.cn.zone
```

（6）修改gz.Jan16.cn.zone文件内的参数。委派DNS服务器的域名为dns.gz.Jan16.cn，IP地址为192.168.1.100；FS服务器的域名为fs.gz.Jan16.cn，IP地址为192.168.1.101。配置命令如下：

```
[root@GZDNS ~]# cat /var/named/gz.Jan16.cn.zone
$TTL 1D
@    IN SOA    @ root.Jan16.cn. (
                  0      ; serial
                  1D     ; refresh
                  1H     ; retry
                  1W     ; expire
                  3H )   ; minimum
NS     dns.gz.Jan16.cn.
```

```
dns    A    192.168.1.100
fs     A    192.168.1.101
```

（7）使用 named 命令来检查配置文件是否正确。配置命令如下：

```
[root@GZDNS ~]# named-checkconf /etc/named.conf
[root@GZDNS ~]# named-checkconf /etc/named.rfc1912.zones
[root@GZDNS ~]# named-checkzone gz.Jan16.cn /var/named/gz.Jan16.cn.zone
zone gz.Jan16.cn/IN: loaded serial 0
OK
```

（8）重启委派 DNS 服务器上的 DNS 服务，并检查服务的状态。配置命令如下：

```
[root@GZDNS ~]# systemctl restart named
[root@GZDNS ~]# systemctl status named
```

（9）切换到北京区域的客户端，修改网卡的 DNS 服务器的 IP 地址为 192.168.1.1。配置命令如下：

```
[root@PC1 ~]# nmcli connection modify ens34 ipv4.dns 192.168.1.1
[root@PC1 ~]# nmcli connection up ens34
Connection successfully activated (D-Bus active path: /org/freedesktop/NetworkManager/
ActiveConnection/4)
[root@PC1 ~]# cat /etc/resolv.conf
# Generated by NetworkManager
nameserver 192.168.1.1
```

（10）修改/etc/reslov.conf 文件，在北京区域的客户端首选的 DNS 服务器的 IP 地址为 192.168.1.1，备选的 DNS 服务器的 IP 地址为 192.168.1.100。配置命令如下：

```
[root@PC1 ~]# vim /etc/resolv.conf
# Generated by NetworkManager
search localdomain
nameserver 192.168.1.1
nameserver 192.168.1.100
```

3. 在广州子公司的委派 DNS 服务器上创建 Jan16.cn 的辅助 DNS

广州区域的客户端在解析北京总部的域名时，距离的原因往往使得响应时间较长，考虑到广州子公司本地部署了委派 DNS 服务器，通常 Linux 运维工程师会在广州子公司的委派 DNS 服务器上创建公司其他区域的辅助 DNS，这样广州区域的客户端在解析其他区域的域名时，能有效地缩短域名解析时间。

在广州子公司的委派 DNS 服务器上创建北京总部 Jan16.cn 区域的辅助 DNS 的步骤如下所述。

（1）由于在广州子公司的委派 DNS 服务上进行辅助 DNS 的配置，因此不需要再安装 DNS 服务。

（2）修改广州子公司的委派 DNS 服务器的区域配置文件，在文件末行添加辅助区域，并且指定在主 DNS 服务器中复制过来的正向区域文件的存放位置，指定主 DNS 服务器的

IP 地址。配置命令如下：

```
[root@GZDNS ~]# vim /etc/named.rfc1912.zones
zone "Jan16.cn" IN {
        type slave;
        file "slaves/Jan16.cn.zone";
        masters { 192.168.1.1; };
};
```

（3）在委派 DNS 服务器上使用 named 命令来检查配置文件的配置是否正确。配置命令如下：

```
[root@GZDNS ~]# named-checkconf /etc/named.rfc1912.zones
```

（4）重启 DNS 服务，并检查服务的状态。配置命令如下：

```
[root@GZDNS ~]# systemctl restart named
[root@GZDNS ~]# systemctl status named
```

4．为广州子公司的客户端配置 DNS 地址

广州区域和北京区域均部署了 DNS 地址，在原则上，广州区域的客户端可以通过任意一台 DNS 服务器来解析域名，但是为了减少域名解析的响应时间，通常在为客户端配置 DNS 地址时将考虑以下因素来设置 DNS 服务器地址。

（1）依据就近原则，首选 DNS 服务器指向最近的 DNS 服务器。

（2）依据备份原则，备选 DNS 服务器指向企业的根域 DNS 服务器。

因此，广州区域的客户端需要将首要 DNS 设置为广州子公司 DNS 服务器的 IP 地址，备选 DNS 设置为北京总部 DNS 服务器的 IP 地址。

任务验证

1．测试 DNS 服务是否安装成功

在委派 DNS 服务器内检查服务监听的端口是否正常启动，代码如下：

```
[root@GZDNS ~]# ss -tnl | grep 53
LISTEN    0        10          192.168.1.100:53           0.0.0.0:*
LISTEN    0        10           192.168.9.82:53           0.0.0.0:*
LISTEN    0        10              127.0.0.1:53           0.0.0.0:*
LISTEN    0        10                  [::1]:53              [::]:*
```

2．DNS 域名解析的测试

DNS 服务配置完成后，对 DNS 域名解析的测试通常使用 ping、nslookup 等命令。

（1）在客户端使用 ping 命令进行测试时，对应 IP 地址的主机需要存在，并且域名解析

正确，ping 命令才能返回正确结果。代码如下：

```
[root@PC1 ~]# ping dns.gz.Jan16.cn
PING dns.gz.Jan16.cn (192.168.1.100) 56(84) bytes of data.
64 bytes from 192.168.1.100 (192.168.1.100): icmp_seq=1 ttl=64 time=2.14 ms
64 bytes from 192.168.1.100 (192.168.1.100): icmp_seq=2 ttl=64 time=0.720 ms
64 bytes from 192.168.1.100 (192.168.1.100): icmp_seq=3 ttl=64 time=1.82 ms
[root@PC1 ~]# ping fs.gz.Jan16.cn
PING fs.gz.Jan16.cn (192.168.1.101) 56(84) bytes of data.
64 bytes from 192.168.1.101 (192.168.1.101): icmp_seq=1 ttl=64 time=1.05 ms
64 bytes from 192.168.1.101 (192.168.1.101): icmp_seq=2 ttl=64 time=0.681 ms
64 bytes from 192.168.1.101 (192.168.1.101): icmp_seq=3 ttl=64 time=0.785 ms
```

（2）nslookup 命令是一个专门用于 DNS 域名解析测试的命令。在终端窗口中，执行 nslookup dns.gz.Jan16.cn 命令，从命令返回结果可以看出，DNS 服务器解析域名 dns.gz.Jan16.cn 对应的 IP 地址为 192.168.1.100，DNS 服务器解析域名 fs.gz.Jan16.cn 对应的 IP 地址为 192.168.1.101，代码如下：

```
[root@PC1 ~]# nslookup
> dns.gz.Jan16.cn
Server:        192.168.1.1
Address:    192.168.1.1#53

Non-authoritative answer:
Name:    dns.gz.Jan16.cn
Address: 192.168.1.100
> fs.gz.Jan16.cn
Server:        192.168.1.1
Address:    192.168.1.1#53

Non-authoritative answer:
Name:    fs.gz.Jan16.cn
Address: 192.168.1.101
```

在解析后，可以看到提示信息显示的非权威回答，证明配置已经成功，是由委派 DNS 服务器进行回答的。

（3）验证辅助 DNS 服务器的配置结果，在委派 DNS 服务器内切换到/var/named/slaves 目录下，查看是否从主 DNS 服务器中将 Jan16.cn.zone 文件成功复制到本地对应的目录下，代码如下：

```
[root@GZDNS ~]# cd /var/named/slaves/
[root@GZDNS slaves]# ll
total 4
-rw-r--r--. 1 named named 320 Jul 30 02:37 Jan16.cn.zone
```

任务 7-3 实现香港办事处辅助 DNS 服务器的部署

任务规划

香港办事处为加快客户端的域名解析速度，已在香港准备了一台安装有 CentOS 8 系统的服务器，用于部署公司的辅助 DNS 服务器。公司网络拓扑如图 7-6 所示。

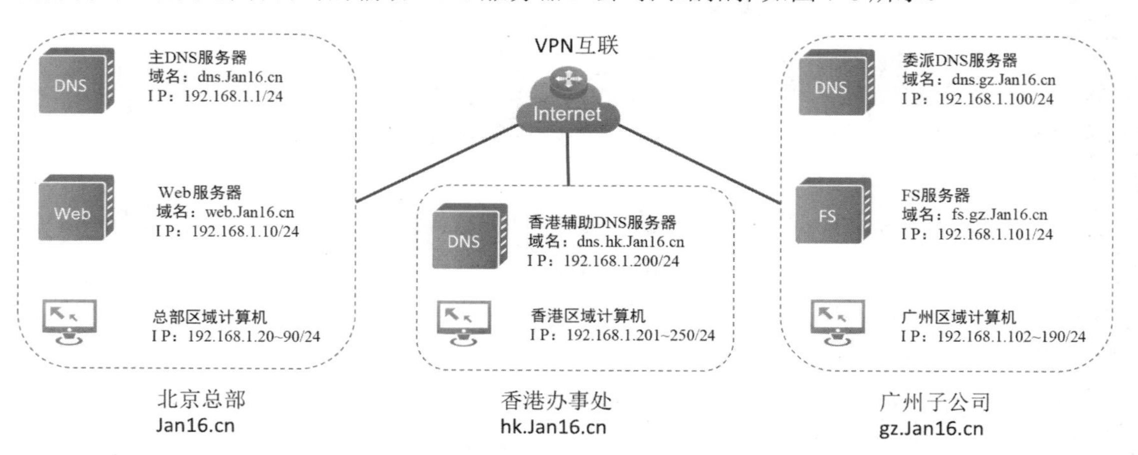

图 7-6　公司网络拓扑

想要实现香港办事处能通过本地域名解析以便快速访问公司资源，这要求香港办事处的 DNS 服务器必须拥有全公司所有的域名数据。公司的域名数据存储在北京和广州两台 DNS 服务器中，因此，香港辅助 DNS 服务器必须复制北京和广州两台 DNS 服务器的数据，才能实现香港办事处计算机域名的快速解析，提高对公司网络资源访问的效率。

想要在香港办事处部署辅助 DNS 服务器，可以通过以下步骤来完成。

（1）配置香港办事处辅助 DNS 服务器的 IP 地址。

（2）北京总部的主 DNS 服务器授权香港办事处的辅助 DNS 服务器复制 DNS 记录。

（3）在香港办事处的辅助 DNS 服务器上创建北京总部的 DNS 辅助区域。

（4）广州子公司的委派 DNS 服务器授权香港办事处的辅助 DNS 服务器复制 DNS 记录。

（5）在香港办事处的辅助 DNS 服务器上创建广州子公司的 DNS 辅助区域。

任务实施

1. 配置辅助 DNS 服务器的 IP 地址

使用 nmcli 命令来配置辅助 DNS 服务器的 IP 地址为 192.168.1.200/24，并查看 IP 地址是否正确配置。配置命令如下：

```
[root@HKDNS  ~]#  nmcli  connection  modify  ens34  ipv4.addresses  192.168.1.200/24
ipv4.method manual
[root@HKDNS ~]# nmcli connection up ens34

[root@HKDNS ~]# ip address show ens34
3: ens34: <BROADCAST,MULTICAST,UP,LOWER_UP> mtu 1500 qdisc fq_codel state UP group
default qlen 1000
    link/ether 00:0c:29:9b:94:31 brd ff:ff:ff:ff:ff:ff
    inet 192.168.1.200/24 brd 192.168.1.255 scope global noprefixroute ens34
       valid_lft forever preferred_lft forever
    inet6 fe80::713b:46cd:8206:fde/64 scope link noprefixroute
       valid_lft forever preferred_lft forever
```

2. 配置DNS服务的角色与功能

（1）安装DNS服务，使用yum命令对包进行下载和安装。需要安装的包为bind、bind-chroot和bind-utils，在下载完成后，使用rpm命令来查看是否已安装。配置命令如下：

```
[root@HKDNS ~]# yum -y install bind bind-chroot bind-utils
[root@HKDNS ~]# rpm -qa | grep bind
bind-utils-9.11.13-5.el8_2.x86_64
bind-libs-lite-9.11.13-5.el8_2.x86_64
bind-libs-9.11.13-5.el8_2.x86_64
bind-chroot-9.11.13-5.el8_2.x86_64
rpcbind-1.2.5-3.el8.x86_64
python3-bind-9.11.13-5.el8_2.noarch
bind-license-9.11.13-5.el8_2.noarch
bind-9.11.13-5.el8_2.x86_64
bind-export-libs-9.11.13-5.el8_2.x86_64
```

（2）在DNS服务安装完成后，在香港办事处的辅助DNS服务器上启动DNS服务，并设置为开机自动启动，最后检查服务的状态。配置命令如下：

```
[root@HKDNS ~]# systemctl start named
[root@HKDNS ~]# systemctl enable named
[root@HKDNS ~]# systemctl status named
```

3. 在香港办事处的辅助DNS服务器上分别创建北京总部和广州子公司的DNS辅助区域

（1）在香港办事处的辅助DNS服务器上配置DNS服务的全局配置文件，将监听的IP网段和允许DNS查询的客户端地址都设置为any，并注释dnssec-validation yes、dnssec-enable yes和include "/etc/ named.root.key"这3个选项。配置命令如下：

```
[root@HKDNS ~]# vim /etc/named.conf      //编辑全局配置文件
        listen-on port 53 { any; };      //将127.0.0.1修改为any
          allow-query    { any; };       //将localhost修改为any
//      dnssec-enable yes;               //将以下3行进行注释
```

```
//      dnssec-validation yes;
//      include "/etc/named.root.key";
```

（2）修改香港办事处的辅助 DNS 服务器的区域配置文件，在文件末行添加辅助区域，并且分别指定在主 DNS 服务器和委派 DNS 服务器中复制过来的正向区域文件的存放位置，以及分别指定主 DNS 服务器和委派 DNS 服务器的 IP 地址。配置命令如下：

```
[root@HKDNS ~]# vim /etc/named.rfc1912.zones
zone "Jan16.cn" IN {
        type slave;
        file "slaves/Jan16.cn.zone";
        masters { 192.168.1.1; };
};

zone "gz.Jan16.cn" IN {
        type slave;
        file "slaves/gz.Jan16.cn.zone";
        masters { 192.168.1.100; };
};
```

（3）在完成配置后，在香港办事处的辅助 DNS 服务器上检查配置文件的语法是否错误，并重启 DNS 服务，查看服务的状态。配置命令如下：

```
[root@HKDNS ~]# named-checkconf /etc/named.rfc1912.zones
[root@HKDNS ~]# systemctl restart named
[root@HKDNS ~]# systemctl status named
```

任务验证

（1）查看香港办事处的辅助 DNS 服务器/var/name/slaves 目录下是否成功复制到了主 DNS 服务器和委派 DNS 服务器的区域配置文件，代码如下：

```
[root@HKDNS ~]# cd /var/named/slaves/
[root@HKDNS slaves]# ll
total 8
-rw-r--r--. 1 named named 244 Jul 30 03:52 gz.Jan16.cn.zone
-rw-r--r--. 1 named named 320 Jul 30 03:52 Jan16.cn.zone
```

（2）验证香港办事处 DNS 服务器上北京总部的辅助区域是否正确。将香港办事处客户端的 DNS 首选服务器地址指向香港办事处的 DNS 服务器地址，通过 dig 和 ping 命令进行验证，可以解析到 Web 服务器的地址。配置命令如下：

```
[root@PC1 ~]# nmcli connection modify ens34 ipv4.dns 192.168.1.200
[root@PC1 ~]# nmcli connection up ens34

[root@PC1 ~]# cat /etc/resolv.conf
# Generated by NetworkManager
```

```
nameserver 192.168.1.200
[root@PC1 ~]# dig web.Jan16.cn
; <<>> DiG 9.11.21-9.11.21-4.ky10 <<>> web.Jan16.cn
;; global options: +cmd
;; Got answer:
;; ->>HEADER<<- opcode: QUERY, status: NXDOMAIN, id: 5360
;; flags: qr rd ra; QUERY: 1, ANSWER: 0, AUTHORITY: 1, ADDITIONAL: 1

;; OPT PSEUDOSECTION:
; EDNS: version: 0, flags:; MBZ: 0x0005, udp: 4096
;; QUESTION SECTION:
;web.Jan16.cn.              86400    IN   A    192.168.1.10

;; AUTHORITY SECTION:
Jan16.cn.                   86400    IN   NS   server.Jan16.cn.

;; ADDITIONAL SECTION:
server.Jan16.cn.      86400    IN   A    192.168.1.200

;; Query time:0 msec
;; SERVER: 192.168.1.200#53(192.168.1.200)
;; WHEN: Mon Aug 08 14:22:47 CST 2022
;; MSG SIZE  rcvd: 116

[root@PC1 ~]# ping web.Jan16.cn
PING web.Jan16.cn (192.168.1.10) 56(84) bytes of data.
64 bytes from 192.168.1.10 (192.168.1.10): icmp_seq=1 ttl=64 time=2.11 ms
64 bytes from 192.168.1.10 (192.168.1.10): icmp_seq=2 ttl=64 time=0.753 ms
64 bytes from 192.168.1.10 (192.168.1.10): icmp_seq=3 ttl=64 time=0.865 ms
64 bytes from 192.168.1.10 (192.168.1.10): icmp_seq=4 ttl=64 time=2.91 ms
64 bytes from 192.168.1.10 (192.168.1.10): icmp_seq=5 ttl=64 time=1.02 ms
64 bytes from 192.168.1.10 (192.168.1.10): icmp_seq=6 ttl=64 time=0.723 ms
--- web.Jan16.cn ping statistics ---
6 packets transmitted, 6 received, 0% packet loss, time 5016ms
rtt min/avg/max/mdev = 0.723/1.397/2.911/0.825 ms
```

（3）验证香港办事处的辅助 DNS 服务器上广州子公司的 DNS 辅助区域是否正确。将香港办事处客户端的首选 DNS 服务器地址指向香港办事处的辅助 DNS 服务器的 IP 地址，通过 nslookup 命令，可以解析到文件服务器的 IP 地址，代码如下：

```
[root@PC1 ~]# nmcli connection modify ens34 ipv4.dns 192.168.1.200
[root@PC1 ~]# nmcli connection up ens34

[root@PC1 ~]# cat /etc/resolv.conf
# Generated by NetworkManager
```

```
nameserver 192.168.1.200
[root@PC1 ~]# nslookup fs.gz.Jan16.cn
Server:        192.168.1.200
Address:    192.168.1.200#53

Name:    fs.gz.Jan16.cn
Address: 192.168.1.101
```

任务 7-4　DNS 服务器的管理

任务规划

公司在使用了 DNS 服务器一段时间后，有效提高了公司计算机和服务器的访问效率，并将 DNS 服务作为基础服务纳入了日程管理。公司希望能定期对 DNS 服务器进行有效的管理与维护，以保障 DNS 服务器的稳定运行。

通过对 DNS 服务器实施递归管理、地址清理、备份等操作可以实现 DNS 服务器的高效运行。常见的工作任务有以下几个方面。

（1）停止和启动 DNS 服务器。

（2）设置 DNS 服务器的工作 IP 地址。

（3）配置 DNS 服务器的递归查询。

（4）DNS 服务的备份。

任务实施

1. 停止和启动 DNS 服务器，查看 DNS 服务的状态

使用 systemctl 命令启动 DNS 服务器，并查看 DNS 服务的状态。配置命令如下：

```
[root@DNS ~]# systemctl stop named      ##停止 DNS 服务
[root@DNS ~]# systemctl start named     ##启动 DNS 服务
[root@DNS ~]# systemctl status named    ##查看 DNS 服务的状态
```

2. 设置 DNS 服务器的工作 IP 地址

如果 DNS 服务器本身拥有多个 IP 地址，则 DNS 服务器可以工作在多个 IP 地址。考虑到以下原因，通常 DNS 服务器都会指定其工作 IP 地址。

（1）为方便客户端配置 DNS 服务器对应的 IP 地址，仅提供一个固定的 DNS 服务器工作 IP 地址作为客户端的 DNS 地址。

（2）考虑到安全问题，DNS 服务器通常仅开放其中一个 IP 地址对外提供服务。

设置 DNS 服务器的工作 IP 地址，可以通过在 DNS 服务的全局配置文件中限制 DNS 服务器只侦听选定的 IP 地址来实现，具体操作过程如下所述。

在 DNS 服务的全局配置文件上修改 listen-on port 选项，端口号不需要修改，只修改后面的地址。地址默认为 127.0.0.1，从这个回环地址上是监听不到任何客户端请求的，因而这里需要改成 DNS 服务器的静态 IP 地址，如 listen-on port 53 {192.168.1.1; };，如图 7-7 所示。

```
options {
        listen-on port 53 { 192.168.1.1; };
        listen-on-v6 port 53 { ::1; };
        directory       "/var/named";
        dump-file       "/var/named/data/cache_dump.db";
        statistics-file "/var/named/data/named_stats.txt";
        memstatistics-file "/var/named/data/named_mem_stats.txt";
        secroots-file   "/var/named/data/named.secroots";
        recursing-file  "/var/named/data/named.recursing";
        allow-query     { any; };
```

图 7-7　限制 DNS 服务器侦听 IP 地址

3．配置 DNS 服务器的递归查询

递归查询是指 DNS 服务器在收到一个本地数据库中不存在的域名的解析请求时，该 DNS 服务器会根据/etc 目录下的 named.conf 配置文件中定义的转发器选项，选择指定的 DNS 服务器代为查询该域名，待获得域名解析结果后再将该解析结果转发给发起解析请求的 DNS 客户端。在此操作过程中，DNS 客户端并不知道 DNS 服务器执行了递归查询。

在默认情况下，DNS 服务器都启用了递归查询功能。当 DNS 服务器收到大量本地不能解析的域名请求时，就会相应产生大量的递归查询，这样会占用服务器大量的资源。基于此原理，网络攻击者可以使用递归查询功能实现“拒绝 DNS 服务器服务”攻击。

因此，如果网络中的 DNS 服务器不准备接收递归查询，则应在该 DNS 服务器上禁用递归查询功能。关闭 DNS 服务器的递归查询功能的步骤如下所述。

修改 DNS 服务器内的 recursion 选项，该选项默认为 yes，即允许递归查询，将 yes 修改成 no 即可，如图 7-8 所示。

```
         - If you are building an AUTHORITATIVE DNS server, do NOT enable recursion.
         - If you are building a RECURSIVE (caching) DNS server, you need to enable
           recursion.
         - If your recursive DNS server has a public IP address, you MUST enable access
           control to limit queries to your legitimate users. Failing to do so will
           cause your server to become part of large scale DNS amplification
           attacks. Implementing BCP38 within your network would greatly
           reduce such attack surface
        */
        recursion no;
```

图 7-8　DNS 服务器禁用递归查询功能

4．DNS 服务的备份

Linux 运维工程师想要备份 DNS 服务，需要将这些文件导出并备份到指定位置。对 DNS

服务进行备份的步骤如下所述。

创建定时任务，计划为每逢星期天，对 DNS 服务的 3 个主要的配置文件进行备份，在备份时文件名后添加当前的时间，备份存储的位置在/backup/dns 目录下，代码如下：

```
[root@DNS named]# crontab -e
crontab: installing new crontab
* * * * 0 /usr/bin/mkdir -p /backup/dns/$(date +\%Y\%m\%d)
* * * * 0 /usr/bin/cp -a /etc/named.conf /etc/named.rfc1912.zones /var/named/*.zone
/backup/dns/$(date +\%Y\%m\%d)
[root@DNS named]# crontab -l
* * * * 0 /usr/bin/mkdir -p /backup/dns/$(date +\%Y\%m\%d)
* * * * 0 /usr/bin/cp -a /etc/named.conf /etc/named.rfc1912.zones /var/named/*.zone
/backup/dns/$(date +\%Y\%m\%d)
```

练习与实践

一、理论题

1．DNS 服务的全局配置文件是（　　）。

A．/etc/named.conf　　B．/etc/named

C．/var/named　　D．/var/named/slaves

2．Centos 8 系统下的 DNS 功能是通过（　　）服务实现的。

A．host　　B．hosts　　C．bind　　D．vsftpd

3．在 Linux 系统中，可以完成域名与 IP 地址的正向解析和反向解析任务的命令是（　　）。

A．nslookup　　B．arp　　C．ifconfig　　D．dnslook

4．DNS 服务的端口号为（　　）。

A．53　　B．81

C．67　　D．21

5．DNS 服务的区域配置文件为（　　）。

A．/etc/named.rfc1912.zones　　B．/etc/named.localhost

C．/etc/named.conf　　D．/etc/named/

6．将计算机的 IP 地址解析为域名的过程称为（　　）。

A．正向解析　　B．反向解析

C．向上解析　　D．向下解析

7．根据 DNS 服务器对 DNS 客户端的不同响应方式，域名解析可以分为哪两种类型？（　　）

A．递归查询和迭代查询　　B．递归查询和重叠查询

C．迭代查询和重叠查询　　D．正向查询和反向查询

8．在 DNS 客户端向 DNS 服务器发出解析请求时，DNS 服务器会向 DNS 客户端返回两种结果：查询到的结果或查询失败。如果当前 DNS 服务器无法解析名称，则其不会告知 DNS 客户端，而是自行向其他 DNS 服务器查询并完成解析，然后将解析结果反馈给 DNS 客户端。这个过程称为（　　）。

A．递归查询　　B．迭代查询

C．正向查询　　D．反向查询

二、项目实训题

1．项目描述

Jan16 公司计划部署信息中心、生产部和业务部的域名系统。根据公司的网络规划，划分了 3 个网段，网络地址分别为 172.20.0.0/24、172.21.0.0/24 和 172.22.0.0/24。Jan16 公司的网络拓扑如图 7-9 所示。

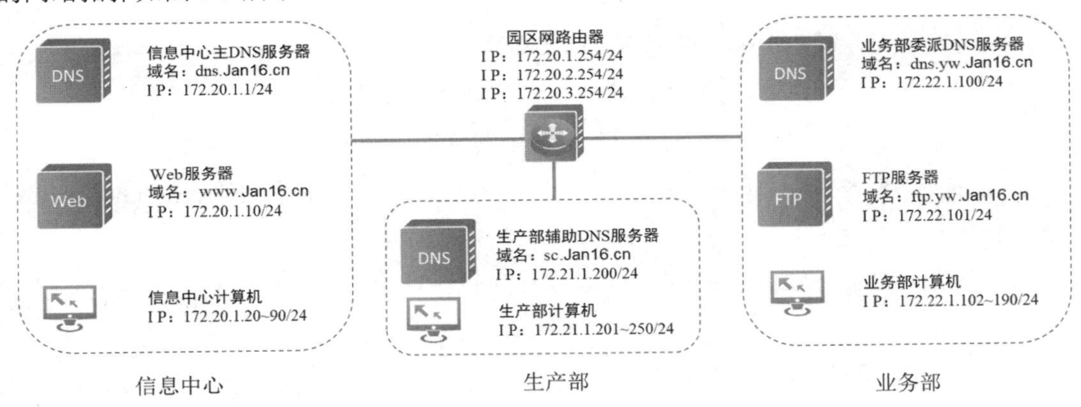

图 7-9　Jan16 公司的网络拓扑

公司根据业务需要，在园区的各个部门部署了相应的服务器，要求 Linux 运维工程师按照以下要求完成实施与调试工作。

（1）信息中心部署了公司的主 DNS 服务器和 Web 服务器，服务器的域名、IP 地址和服务器名称的映射关系如表 7-9 所示。

表 7-9　信息中心服务器的域名、IP 地址和服务器名称的映射关系

服务器角色	计算机名称	IP 地址	域　名	位　置
主 DNS 服务器	DNS	172.20.1.1/24	dns.Jan16.cn	信息中心
Web 服务器	Web	172.20.1.10/24	www.Jan16.cn	信息中心

（2）业务部部署了公司的委派 DNS 服务器和公司的 FTP 服务器，服务器的域名、IP 地址和服务器名称的映射关系如表 7-10 所示。

表 7-10　业务部服务器的域名、IP 地址和服务器名称的映射关系

服务器角色	计算机名称	IP 地址	域　　名	位　　置
委派 DNS 服务器	YWDNS	172.22.1.100/24	dns.yw.Jan16.cn	业务部
FTP 服务器	FTP	172.22.1.101/24	ftp.yw.Jan16.cn	业务部

（3）生产部部署了公司的辅助 DNS 服务器，服务器的域名、IP 地址和服务器名称的映射关系如表 7-11 所示。

表 7-11　生产部服务器的域名、IP 地址和服务器名称的映射关系

服务器角色	计算机名称	IP 地址	域　　名	位　　置
辅助 DNS 服务器	SCDNS	172.21.1.200/24	sc.Jan16.cn	生产部

为了保证 DNS 服务器的数据安全，DNS 服务器仅允许公司内部 DNS 服务器之间复制数据。

2．项目要求

根据上述任务要求，配置各个服务器的 IP 地址，并测试全网的连通性，在配置完毕后，完成以下几步测试。

（1）在信息中心的客户端上截取如下测试结果。

① 在 Shell 窗口中执行 ip address show 命令的结果的截图。

② 在 Shell 窗口中执行 ping sc.Jan16.cn 命令的结果的截图。

③ 在主 DNS 服务器上查看 DNS 服务正向查找区域的全局配置文件/etc/named.conf 的配置的截图。

④ 在主 DNS 服务器上查看 DNS 服务正向查找区域的 Jan16.cn.zone 区域数据配置文件的配置的截图。

⑤ 在主 DNS 服务器上查看 DNS 服务区域配置文件/etc/named.rfc1912.zones 的配置的截图。

（2）在生产部的客户端上截取如下测试结果。

① 在 Shell 窗口中执行 ip address show 命令的结果的截图。

② 在 Shell 窗口中执行 ping ftp.yw.Jan16.cn 命令的结果的截图。

③ 在辅助 DNS 服务器上查看 DNS 服务区域配置文件/etc/named.rfc1912.zones 的配置的截图。

（3）在业务部的客户端上截取如下测试结果。

① 在 Shell 窗口中执行 ip address show 命令的结果的截图。

② 在 Shell 窗口中执行 ping www.Jan16.cn 命令的结果的截图。

③ 在委派 DNS 服务器上查看 DNS 服务区域数据配置文件的配置的截图。

④ 在委派 DNS 服务器上查看 DNS 服务区域配置文件的配置的截图。

项目 8　部署企业的 Web 服务

扫一扫
看微课

学习目标

（1）了解 Apache、Web 和 URL 的概念与相关知识。

（2）掌握 Web 服务的工作原理与应用。

（3）了解静态网站的发布与应用。

（4）掌握基于端口号、域名和 IP 地址等多种技术实现多站点发布的概念与应用。

（5）掌握企业网主流 Web 服务的部署业务实施流程和职业素养。

项目描述

某公司有门户网站、人事管理系统和项目管理系统等服务系统。之前，这些系统全部都由原系统开发商托管管理，随着公司规模的扩大和业务发展，考虑到以上业务系统的访问效率和数据安全，该公司由信息中心负责把托管的门户网站、人事管理系统和项目管理系统等服务系统部署到公司内网。公司要求信息中心尽快将这些系统部署在新购置的一台安装了 CentOS 8 系统的服务器上，具体要求如下所述。

（1）公司门户网站为一个静态网站，访问地址为 192.168.1.1。

（2）公司人事管理系统为基于端口的站点，访问地址为 192.168.1.1:8080。

（3）公司项目管理系统为基于域名的站点，访问地址为 xiangmu.Jan16.cn。

公司网络拓扑如图 8-1 所示。

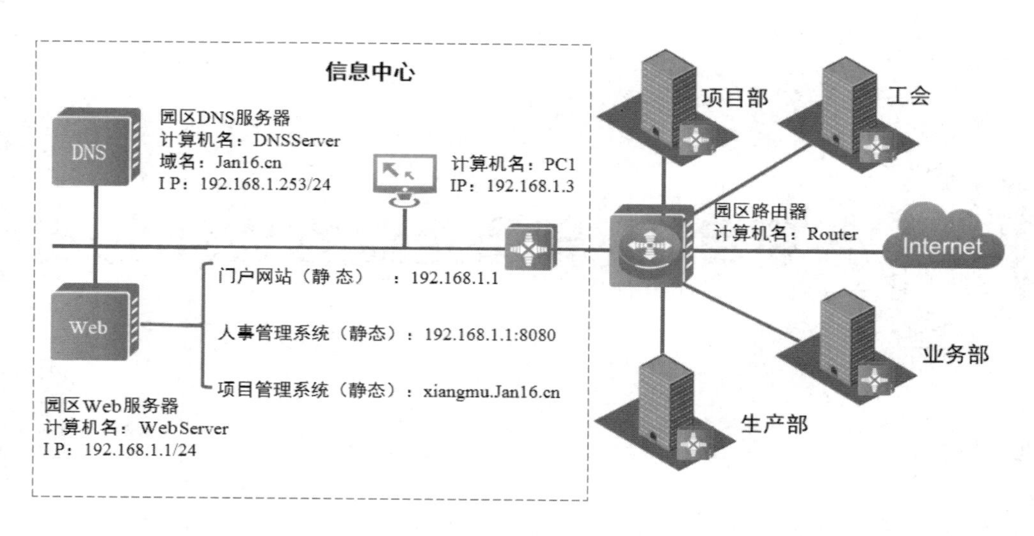

图 8-1 公司网络拓扑

公司 Web 站点的要求如表 8-1 所示。

表 8-1 公司 Web 站点的要求

设备名称	IP 地址	站点域名	默认站点目录	端口	用途
WebServer	192.168.1.1	\	/var/www/html	80	门户网站
	192.168.1.1	\	/var/www/8080	8080	人事管理系统
	192.168.1.1	xiangmu.Jan16.cn	/var/www/xiangmu	80	项目管理系统

项目分析

通过在 CentOS 8 系统上安装 Apache 服务，可以实现 HTML 常见静态或动态网站的发布与管理。根据项目描述，具体可以通过以下工作任务来完成。

（1）部署企业的门户网站（HTML），实现基于 Apache 服务的静态网站的发布。

（2）基于端口部署人事管理系统站点。

（3）基于域名部署项目管理系统站点。

相关知识

8.1 Web 服务简介

WWW 是 Internet 上被广泛应用的一种信息服务技术。WWW 采用的是客户端/服务器结构，整理和储存各种 WWW 资源，并响应客户端软件的请求，把所需的信息资源通过浏览器传送给客户端。

Web 服务通常分为两种：静态 Web 服务和动态 Web 服务。

目前，常用的动态网页语言有 ASP/ASP.net（Active Server Pages）、JSP（Java Server Pages）和 PHP（Hypertext Preprocessor）这 3 种。

ASP/ASP.net 是由微软公司开发的基于 Web 服务器端开发环境的语言，利用它可以产生和执行动态的、互动的、高性能的 Web 服务应用程序。

PHP 是一种开源的服务器端脚本语言。它大量地借用 C、Java 和 Perl 等语言的语法，并耦合 PHP 自己的特性，使 Web 开发者能够快速地开发出动态页面。

JSP 是 Sun 公司推出的网站开发语言，它可以在 Serverlet 和 JavaBean 的支持下，完成功能强大的 Web 站点程序的开发。

Linux 系统支持 PHP 和 JSP 站点，PHP 和 JSP 站点的发布需要安装 PHP 和 JSP 的服务安装包才能支持。而 ASP 站点则一般都部署在 Windows 服务器上。

8.2 URL 的概念

URL（Uniform Resource Locator，统一资源定位符）也称网页地址，用于标识 Internet 资源的地址，其标准格式如下：

```
协议类型://主机名[:端口号]/路径/文件名
```

URL 由协议类型、主机名和端口号等信息构成，各模块内容简要描述如下。

1. 协议类型

协议类型用于标记资源的访问协议类型，常见的协议类型包括 HTTP、HTTPS、Gopher、FTP、Mailto、Telnet 和 File 等。

2. 主机名

主机名用于标记资源的名字，它可以是域名或 IP 地址。例如，http:// Jan16.cn/index.asp 的主机名为 Jan16.cn。

3. 端口号

端口号用于标记目标服务器的访问端口号，端口号为可选项。如果没有填写端口号，则表示采用了协议默认的端口号，如 HTTP 协议默认的端口号为 80，FTP 协议默认的端口号为 21。例如，http://www.Jan16.cn 和 http://www.Jan16.cn:80 两者的效果是相同的，因为 80 是 HTTP 服务的默认端口。再例如，http://www.Jan16.cn:8080 和 http://www.Jan16.cn 两者的效果是不同的，因为两个服务的端口号不同。

4．路径/文件名

路径/文件名用于指明服务器上某资源的位置（其格式通常由“目录/子目录/文件名”这样的结构组成）。

8.3 Apache 简介

Apache HTTP Server（简称 Apache 或 httpd）是 Apache 软件基金会的一个开放源代码的网页服务器软件，旨在为 UNIX 和 Windows 等操作系统提供开源 httpd 服务。由于 Apache 的安全性、高效性及可扩展性，因此其被广泛使用。Apache 快速、可靠，并且可以通过简单的 API 扩充，将 Perl / Python 解释器等编译到 httpd 服务的相关模块中。

Apache 支持许多特性，大部分通过编译的模块来实现，这些特性从服务器端的编程语言支持到身份认证方案。通用的语言接口支持 Perl、Python、Tcl 和 PHP；流行的认证模块包括 mod_access、mod_auth 和 mod_digest；其他的有 SSL 和 TLS 支持（mod_ssl）、代理服务器（proxy）模块、很有用的 URL 重写（由 mod_rewrite 实现）、定制日志文件（mod_log_config），以及过滤支持（mod_include 和 mod_ext_filter）等。

Apache 有如下特点：

（1）支持最新的 HTTP/1.1 通信协议。Apache 是最先使用 HTTP/1.1 通信协议的 Web 服务器软件之一，它完全兼容 HTTP/1.1 通信协议并与 HTTP/1.0 通信协议向后兼容。

（2）Apache 几乎可以在所有的计算机操作系统上运行，包括主流的 UNIX、Linux 及 Windows 操作系统。

（3）支持多种方式的 HTTP 认证。

（4）支持 Web 目录修改。用户可以使用特定的目录作为 Web 目录。

（5）Apache 支持虚拟主机。Apache 支持基于 IP 地址、主机名和端口号这 3 种类型的虚拟主机服务。

（6）支持多进程。当负载增加时，服务器会快速生成子进程来处理，从而提高系统的响应能力。

8.4 Web 服务器工作原理

（1）用户通过浏览器访问网页，浏览器获取访问网页的事件。

（2）客户端与浏览器建立 TCP 连接。

（3）浏览器将用户的事件按照 HTTP 协议格式打包为一个压缩包，其本质为在待发送缓冲区中加入一段 HTTP 协议格式的字节流。

（4）在成功建立 TCP 连接后，浏览器将数据包推送到网络中，最终递交到 Web 服务器。

（5）Web 服务器在收到数据包后，以同样的格式进行解析，从而得出客户端所需要的资源，最后 Web 服务器进行分类处理，或者提供某一文件，或者处理相关数据。

（6）将结果装入缓冲区，按照 HTTP 协议格式对数据进行打包，并对客户端发送应答，最终数据包递交到客户端。

（7）客户端在收到数据包后，以 HTTP 协议格式进行解包并解析数据，最后在浏览器中展示结果。

Web 服务器的本质就是接收数据、HTTP 解析、逻辑处理、HTTP 封包和发送数据。Web 服务器的工作原理如图 8-2 所示。

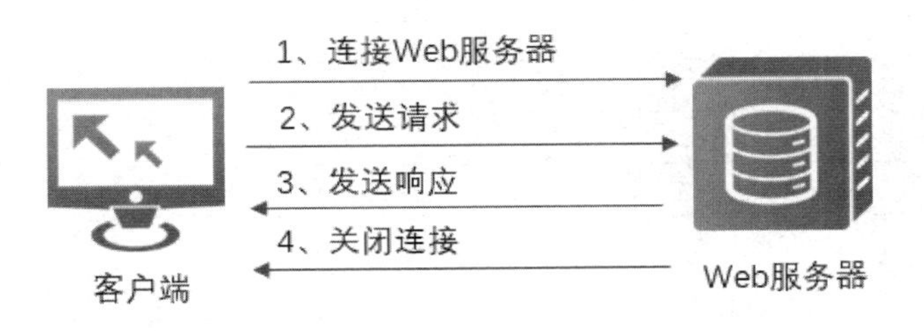

图 8-2　Web 服务器的工作原理

8.5　Apache 常用文件及参数解析

Apache 被广泛应用于计算机平台上，是十分流行的 Web 服务器端软件之一。Apache 的 httpd 服务程序的主要配置文件及存放位置如表 8-2 所示。

表 8-2　httpd 服务程序的主要配置文件及存放位置

配置文件名称	路　径
服务目录	/etc/httpd
主配置文件	/etc/httpd/conf/httpd.conf
默认站点主目录	/var/www/html
访问日志	/var/log/httpd/access_log
错误日志	/var/log/httpd/error_log

Apache 服务器的全部配置信息都储存在主配置文件 http.conf 下。httpd.conf 文件不区分大小写字母，文件内绝大部分内容都是以#开头的注释。http.conf 文件包括以下三部分。

（1）Global Enviorment：全局环境配置，决定着 Apache 服务的全局参数。

（2）Main server configuration：主服务器配置，相当于 Apache 服务中的默认站点。

（3）Virtual Host：虚拟主机，虚拟主机与主服务器之间存在互斥的关系，当启用虚拟主机时，主服务器停用。

httpd.conf 文件中的常用参数及用途解析如表 8-3 所示。

表 8-3 httpd.conf 文件中的常用参数及用途解析

参 数	解 析
ServerRoot	Apache 服务运行目录
Listen	监听的端口
User	运行服务的用户
Group	运行服务的组
ServerAdmin	管理员邮箱
DocumentRoot	网站根目录
<Directory /PATH> options </Directory>	<Directory>和</Directory>用于封装指定目录和各自目录下的文件指令
ErrorLog	错误日志
LogLevel	警告级别
CustomLog	默认访问日志格式
DirectoryIndex	默认的索引文件
Timeout	网页超时时间
Serveralias	网站别名

对 Apache 目录的访问权限可以在 httpd.conf 文件的 Directory 容器中进行设置，容器语句需要成对出现。在容器内有 Options、AllowOverride 和 Limit 等选项进行访问控制，常见的 Apache 目录访问控制选项及解析如表 8-4 所示。

表 8-4 常见的 Apache 目录访问控制选项及解析

访问控制选项	解 析
Options	设置特定目录中的服务器特性，具体参数选项的取值见表 8-5
AllowOverride	设置访问控制文件.htaccess
Order	设置 Apache 目录默认的访问权限及 Allow、Deny 语句的处理顺序
Allow	设置允许访问 Apache 服务的主机
Deny	设置拒绝访问 Apache 服务的主机

Options 选项的参数及解析如表 8-5 所示。

表 8-5 Options 选项的参数及解析

参 数	解 析
Indexes	允许目录浏览，当访问的目录中没有参数 DirectoryIndex 指定的网页文件时，会列出目录中的目录清单
Multiviews	允许内容协商（根据浏览器提供的媒体类型、语言、字符集和编码进行资源表示的调整）
All	支持除 Multiviews 以外的所有选项，如果没有 Options 语句，则默认为 All

续表

参　数	解　析
FollowSysmLinks	可以允许在该目录下使用符号链接，以访问其他目录
Includes	允许服务器端使用 SSL 技术
IncludesNoExec	允许服务器端使用 SSL 技术，但是禁止执行 CGI 脚本
SymLinksIfOwnerMatch	当目录文件与目录属于同一用户时支持符号链接

项目实施

任务 8-1　部署企业的门户网站（HTML）

任务规划

公司门户网站是一个采用静态网页设计技术设计的网站，信息中心 Linux 运维工程师小锐已经收到该网站的所有数据，并要求在一台 CentOS 8 服务器上部署该站点，根据前期规划，公司门户网站的访问地址为 http://192.168.1.1。在服务器上部署静态网站，可以通过以下步骤来完成。

（1）安装 Apache 服务的角色和功能。

（2）通过 Apache 服务来发布静态网站。

（3）启动 Apache 服务。

任务实施

1．安装 Apache 服务的角色和功能

（1）使用 yum 命令来安装 Apache 的 httpd 服务。配置命令如下：

```
[root@WebServer ~]# yum -y install httpd
```

（2）在 Apache 的 httpd 服务安装完成后，使用 rpm 命令来查找 Apache 相关的软件包。配置命令如下：

```
[root@WebServer ~]# rpm -qa | grep httpd
httpd-tools-2.4.37-21.module_el8.2.0+382+15b0afa8.x86_64    ##httpd 服务的工具包
httpd-filesystem-2.4.37-21.module_el8.2.0+382+15b0afa8.noarch
httpd-2.4.37-21.module_el8.2.0+382+15b0afa8.x86_64          ##httpd 服务的主程序包
centos-logos-httpd-80.5-2.el8.noarch
```

2．通过 Apache 服务来发布静态网站

通过 vim 命令在/var/www/html 目录下创建名称为 index.html 的文件，并在该文件内写入“这是 Jan16 公司门户网站的测试页面”的内容。配置命令如下：

```
[root@WebServer ~]# vim /var/www/html/index.html
这是 Jan16 公司门户网站的测试页面
```

3. 启动 Apache 服务

通过 systemctl 命令来启动 Apache 的相关服务，并设置 Apache 服务为开机自动启动。配置命令如下：

```
[root@WebServer ~]# systemctl restart httpd
[root@WebServer ~]# systemctl enable httpd
```

任务验证

（1）通过 ss 命令来查看 httpd 服务所监听的端口的情况，代码如下：

```
[root@WebServer ~]# ss -lnt | grep 80
LISTEN    0        128                   *:80                    *:*
```

（2）切换到公司客户端 PC1，并修改 IP 地址为 192.168.1.2/24，代码如下：

```
[root@PC1 ~]# nmcli connection modify ens34 ipv4.addresses 192.168.1.2/24 ipv4.method
manual
[root@PC1 ~]# nmcli connection up ens34
```

（3）在公司客户端 PC1 上使用浏览器访问地址 192.168.1.1，结果显示公司的门户网站能正常访问，如图 8-3 所示。

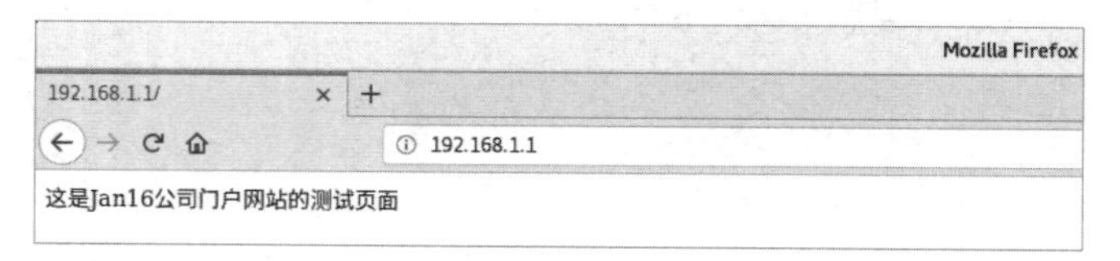

图 8-3　浏览器基于 IP 地址访问公司的门户网站

任务 8-2　基于端口部署人事管理系统站点

任务规划

由于公司的门户网站已经占用了服务器上的 80 端口，因此在建设公司人事管理系统站点时，如果使用同样的端口就会出现报错，根据前期规划，本任务需要基于 8080 端口来部署公司人事管理系统的站点。在 Linux 系统中主要使用虚拟主机的方式进行多站点的部署。本任务可以通过如下几个步骤来完成。

（1）配置 Apache 服务的配置文件，实现基于不同端口的站点的发布。

（2）配置站点测试页面。

（3）重新启动 Apache 服务。

任务实施

1．配置 Apache 服务的配置文件

修改 Apache 服务的主配置文件，在原文件基础上增加监听端口和虚拟主机的设置。配置命令如下：

```
[root@WebServer ~]# vim /etc/httpd/conf/httpd.conf
##在文件末尾增加如下内容后保存退出
Listen 8080                        ##设置 Apache 服务的监听端口
<VirtualHost 192.168.1.1:8080>     ##设置虚拟主机站点为 192.168.1.1:8080
  DocumentRoot /var/www/8080       ##设置虚拟主机站点对应的根目录
  ServerName 192.168.1.1:8080      ##设置虚拟主机站点的服务器名称
</VirtualHost>
```

2．配置站点测试页面

（1）创建虚拟主机站点对应的根目录。配置命令如下：

```
[root@WebServer ~]# mkdir /var/www/8080
```

（2）创建虚拟主机站点测试页面，默认为 index.html。配置命令如下：

```
[root@WebServer ~]# echo "port:8080" >> /var/www/8080/index.html
```

3．重新启动 Apache 服务

通过 systemctl 命令来重启 Apache 服务。配置命令如下：

```
[root@WebServer ~]# systemctl restart httpd
```

任务验证

（1）在服务器上使用 ss 命令来检查 Apache 服务启动的端口，应能查看到 8080 端口已成功启动，代码如下：

```
[root@WebServer ~]# ss -lnt | grep 8080
LISTEN    0        128                    *:8080                    *:*
```

（2）在公司客户端 PC1 上，使用浏览器访问 192.168.1.1:8080 网页，查看是否能正常访问，如图 8-4 所示。

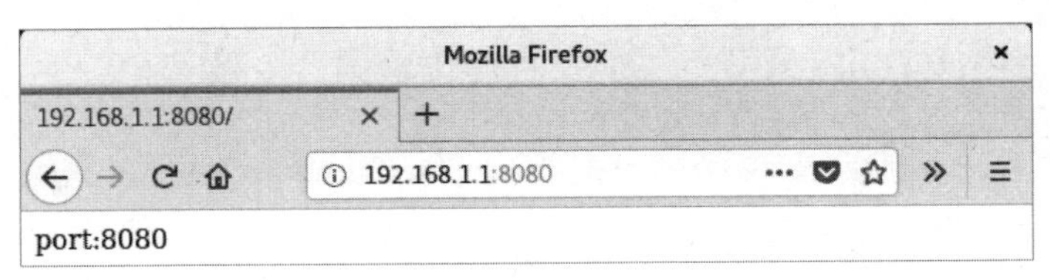

图 8-4　成功访问 192.168.1.1:8080 网页

任务 8-3　基于域名部署项目管理系统站点

任务规划

公司的项目管理系统主要用于全国各区域项目部的员工管理项目相关资源及信息，因此，项目管理系统站点需要较高的安全性。本任务将通过设置 Apache 虚拟目录及访问控制的方式来解决这个问题，访问控制包括 IP 地址访问控制和用户访问控制。另外，项目管理系统站点需要通过一个域名来访问，避免项目部员工不记得详细 IP 地址而访问不了项目管理系统站点。综上所述，本任务可以通过如下几个步骤来完成。

（1）配置 Apache 服务的主配置文件，实现基于域名的站点的发布，同时设置站点使用虚拟目录和访问控制，以提高站点的安全性。

（2）添加认证用户和站点测试页面，为 Apache 用户访问控制提供支持。

（3）重新启动 Apache 服务，使站点的配置生效。

任务实施

在本任务中，DNS 服务器已经添加了 xiangmu.Jan16.cn 的域名记录。

1．配置 Apache 服务的主配置文件

修改 Apache 服务的主配置文件，配置基于域名的虚拟主机，并设置虚拟目录和访问控制。配置命令如下：

```
[root@WebServer ~]# vim /etc/httpd/conf/httpd.conf
<VirtualHost xiangmu.Jan16.cn:80>
  DocumentRoot /var/www/xiangmu
  ServerName xiangmu.Jan16.cn
  Alias /xiangmu "/xiangmu"
  <Directory "/xiangmu">
     Order allow,deny
     Allow from 192.168.1.0/24
     AuthName "Please input your password"
     AuthType Basic
     AuthUserFile /var/www/passwd
     Require user xiaozhao
  </Directory>
</VirtualHost>
```

2．添加认证用户和站点测试页面

（1）通过 htpasswd 命令创建用户 xiaozhao，并设置密码为 123456。配置命令如下：

```
[root@WebServer ~] # htpasswd -c /var/www/passwd xiaozhao
```

```
New password:          ##输入密码为123456
Re-type new password: ##再次输入密码为123456
Adding password for user xiaozhao
```

（2）创建/xiangmu文件目录，用于存放站点页面文件，页面文件中需要输入内容“这是虚拟目录测试页面”。配置命令如下：

```
[root@WebServer ~] # mkdir /xiangmu
[root@WebServer ~] # echo "这是虚拟目录测试页面" > /xiangmu/index.html
```

（3）创建/var/www/xiangmu文件目录，用于存放项目管理系统站点首页文件。配置命令如下：

```
[root@WebServer ~]   # mkdir /var/www/xiangmu
```

3．重新启动Apache服务

通过systemctl命令来重新启动Apache服务，使站点的配置生效。配置命令如下：

```
[root@WebServer ~]   # systemctl restart httpd
```

任务验证

（1）在公司内部客户端PC1上使用curl http://xiangmu.jan16.cn/xiangmu/命令访问站点，将返回“401 Unauthorized”页面，表示认证没有通过，代码如下：

```
[root@PC1 ~]# curl http://xiangmu.Jan16.cn/xiangmu/
<!DOCTYPE HTML PUBLIC "-//IETF//DTD HTML 2.0//EN">
<html><head>
<title>401 Unauthorized</title>
</head><body>
<h1>Unauthorized</h1>
<p>This server could not verify that you are authorized to access the document requested.
Either you supplied the wrong credentials (e.g., bad password), or your browser doesn't
understand how to supply the credentials required.</p>
</body></html>
```

（2）在客户端PC1上使用curl -u xiaozhao:123456 http://xiangmu.Jan16.cn/xiangmu/命令将用户xiaozhao的验证信息传给网站，则能成功查看到站点信息，代码如下：

```
[root@PC1 ~]# curl -u xiaozhao:123456 http://xiangmu.Jan16.cn/xiangmu/
这是虚拟目录测试页面
```

（3）在IP地址为192.168.2.1/24的工会客户端PC2上使用curl -u xiaozhao:123456 http://xiangmu.Jan16.cn/xiangmu/命令访问站点，将提示“403 Forbidden”页面，表示没有权限访问该站点，代码如下：

```
[root@PC2 ~]# nmcli connection modify ens34 ipv4.addresses 192.168.2.1/24 ipv4.method
manual
[root@PC2 ~]# nmcli connection up ens34
```

```
[root@PC2 ~]# curl -u xiaozhao:123456 http://xiangmu.Jan16.cn/xiangmu/
<!DOCTYPE HTML PUBLIC "-//IETF//DTD HTML 2.0//EN">
<html><head>
<title>403 Forbidden</title>
</head><body>
<h1>Forbidden</h1>
<p>You don't have permission to access /xiangmu/ on this server.<br />
</p>
</body></html>
```

练习与实践

一、理论习题

1．Web 服务的主要功能是（　　）。

A．传送网上所有类型的文件　　B．远程登录

C．收发电子邮件　　D．提供浏览网页服务

2．HTTP 的中文意思是（　　）。

A．高级程序设计语言　　B．域名

C．超文本传送协议　　D．互联网网址

3．当使用无效凭据的客户端尝试访问未经授权的内容时，httpd 服务将返回（　　）错误。

A．401　　B．402

C．403　　D．404

4．虚拟目录指的是（　　）。

A．位于计算机物理文件系统中的目录

B．目录中存放的不是属于这个目录的文件或者目录，而是另一个存储空间的目录树

C．一个特定的、包含根应用的目录路径

D．Web 服务器所在的目录

5．HTTPS 协议使用的端口是（　　）。

A．21　　B．23

C．25　　D．443

6．在 Apache 服务的配置文件中出现了以 DocumentRoot 开头的语句，该字段代表的含义是（　　）。

A．Apache 服务监听的端口号　　B．设置默认文档

C．设置网站根目录的路径　　D．设置主目录的路径

二、项目实训题

1. 项目描述与需求

Jan16 公司需要部署信息中心的门户网站、生产部的业务应用系统和业务部的内部办公系统。根据公司的网络规划，划分了 VLAN1、VLAN2 和 VLAN3 这 3 个网段，网络地址分别为 172.20.0.0/24、172.21.0.0/24 和 172.22.0.0/24。

公司采用 CentOS 8 服务器作为各部门网络连接的路由器，公司的 DNS 服务部署在业务部服务器上。Jan16 公司的网络拓扑如图 8-5 所示。

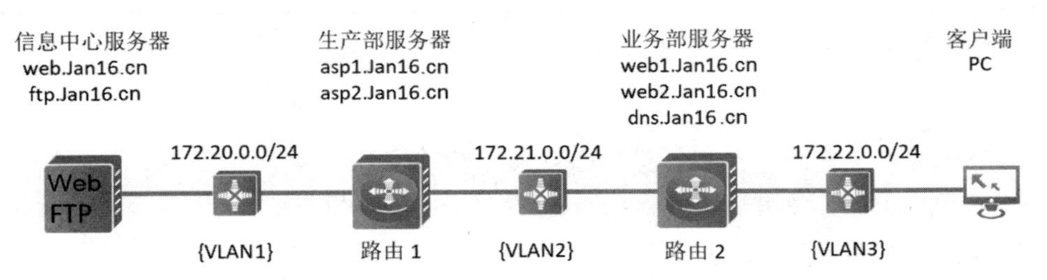

图 8-5　Jan16 公司的网络拓扑

公司希望 Linux 运维工程师在实现各部门网络互联互通的基础上完成各部门网站的部署，具体需求如下所述。

（1）第 1 台信息中心服务器用于发布信息中心的门户网站（静态）。信息中心门户网站的信息如表 8-6 所示。

表 8-6　信息中心门户网站的信息

网 站 名 称	IP 地址/子网掩码	端　口　号	网站域名
门户网站			web.Jan16.cn

（2）第 2 台生产部服务器用于发布生产部的两个业务应用系统（静态），这两个业务应用系统只允许通过域名进行访问。生产部业务应用系统的信息如表 8-7 所示。

表 8-7　生产部业务应用系统的信息

网 站 名 称	IP 地址/子网掩码	端　口　号	网 站 域 名
应用业务系统 asp1			asp1.Jan16.cn
应用业务系统 asp2			asp2.Jan16.cn

（3）第 3 台业务部服务器用于发布业务部的两个内部办公系统（静态），这两个内部办公系统必须通过不同的 IP 地址进行访问。业务内部的办公系统的信息如表 8-8 所示。

表 8-8　业务部内部办公系统的信息

网 站 名 称	IP 地址/子网掩码	端　口　号	网 站 域 名
内部办公系统 web1			web1.Jan16.cn
内部办公系统 web2			web2.Jan16.cn

2．项目实施要求

（1）根据项目的网络拓扑，补充完成如表8-9所示的计算机的TCP/IP相关配置信息。

表8-9　计算机的TCP/IP相关配置信息

设　　备	计 算 机 名	IP地址/子网掩码	网　　关	DNS
信息中心服务器				
生产部服务器				
业务部服务器				
客户端				

（2）根据网络规划信息和网站部署要求，补充完成如表8-6、表8-7和表8-8所示的网站配置信息。

（3）根据项目的要求，完成计算机之间的互联互通，并截取以下结果。

- 在客户端PC的终端中运行ping web.jan16.cn命令的结果。
- 在生产部服务器的Shell窗口中运行ip route命令的结果。
- 在业务部服务器的Shell窗口中运行ip route命令的结果。
- 使用客户端PC的浏览器访问公司的门户网站的结果。
- 使用客户端PC的浏览器访问生产部的两个业务应用系统的域名的结果。
- 使用客户端PC的浏览器访问业务部的两个内部办公系统的首页的结果。

项目 9　部署企业的 FTP 服务

扫一扫
看微课

学习目标

（1）掌握 FTP 服务的工作原理。

（2）了解 FTP 的典型消息。

（3）掌握匿名 FTP 与实名 FTP 的概念与应用。

（4）掌握 FTP 多站点的概念与应用。

（5）掌握企业网 FTP 服务的部署业务实施流程和职业素养。

项目描述

Jan16 公司信息中心的文件共享服务能有效提高信息中心网络的工作效率。公司希望能在信息中心部署公司文档中心，为各部门提供 FTP 服务，以提高公司的工作效率。公司网络拓扑如图 9-1 所示。

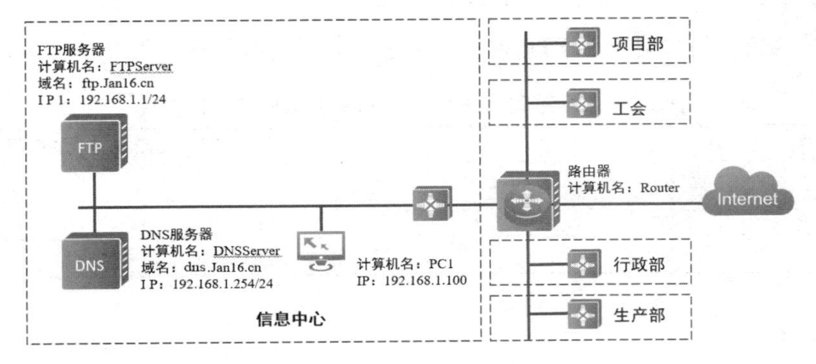

图 9-1　公司网络拓扑

部署公司的 FTP 服务主要满足以下几点要求。

1. FTP 服务的部署要求

在服务器上部署 FTP 服务，创建 FTP 站点，为公司所有员工提供文件共享服务，提高工作效率，具体要求有如下几点。

（1）在/vat/ftp 目录下创建“文档中心”目录，并在该目录中分别创建“产品技术文档”、“公司品牌宣传”和“常用软件工具”等子目录，以实现公共文档的分类管理。

（2）创建公共 FTP 站点，站点的根目录为“文档中心”目录，该站点仅允许员工下载文档。

（3）公共 FTP 站点的访问地址为 ftp://192.168.1.1。

2．建立部门级数据共享空间的部署要求

（1）在/var/ftp 目录下为各部门建立“部门文档中心”目录，并在该目录中分别创建“行政部”、“项目部”和“工会”等部门专属目录，同时为各部门创建相应的服务账户。

（2）基于不同端口部署部门专属 FTP 站点，根目录为“部门文档中心”目录，该站点不允许用户修改根目录结构，仅允许各部门使用专属服务账户访问对应部门的专属目录，专属服务账户对专属目录有上传和下载的权限。

（3）为各部门设置专门的访问账户，仅允许它们访问“文档中心”目录和对应部门专属目录中的文档。

（4）部门专属 FTP 站点的访问地址为 ftp://192.168.1.1:2100。

3．FTP 服务权限的划分要求

工会主要负责管理全国各分公司的员工，不同职位的员工权限不同，其中负责人是小赵，普通员工包括小陈和小蔡等。因此，公司需要在 FTP 服务器中对工会 FTP 站点的权限进行详细划分，具体要求有如下几点。

（1）工会 FTP 站点的访问地址为 ftp://192.168.1.1:2120。

（2）工会 FTP 站点的根目录为“/var/ftp/部门文档中心/工会”目录。

（3）不同角色的用户对工会 FTP 站点根目录具有不同的权限，具体如表 9-1 所示。

表 9-1　工会不同用户对工会 FTP 站点根目录的权限

用　户	角　色	对工会 FTP 站点根目录的权限
小赵	负责人	完全控制
小陈	普通员工	只读、下载、不能上传
小蔡	普通员工	只读、下载、不能上传

项目分析

通过部署文件共享服务可以让局域网内的计算机访问共享目录内的文档，但是不同局域网内的用户则无法访问该共享目录。FTP 服务与文件共享服务类似，用于提供文件共享访问服务，但是它提供服务的网络不再局限于局域网，用户还可以通过广域网进行访问。

因此，可以在公司的服务器上建立 FTP 站点，并在 FTP 站点上部署共享目录，这样就可以实现公司文档的共享了，员工也可以方便访问该站点中的文档了。

根据项目描述，在 CentOS 8 服务器上部署 FTP 站点服务，可以通过以下工作任务来完成，具体如下所述。

（1）部署企业公共 FTP 站点，以实现公司公共文档的分类管理，方便员工下载。

（2）部署部门专属 FTP 站点，以实现部门级数据共享，提高数据安全性和工作效率。

（3）配置 FTP 服务器权限，以实现 FTP 站点权限的详细划分，提高安全性。

相关知识

FTP（File Transfer Protocol，文件传送协议）定义了一个在远程计算机系统和本地计算机系统之间传输文件的标准，工作在应用层，使用 TCP（Transmission Control Protocol，传输控制协议）在不同的主机之间提供可靠的数据传输。由于 TCP 协议是一种面向连接的、可靠的传输协议，因此 FTP 协议可提供可靠的文件传输。FTP 协议支持断点续传功能，它可以大幅地减少 CPU 和网络带宽的开销。在 Internet 诞生初期，FTP 协议就已经被应用在文件传输服务上，而且一直作为主要的服务被广泛部署，在 Windows、Linux 和 UNIX 等各种常见的网络操作系统中都能提供 FTP 服务。

9.1 FTP 协议的组成

FTP 协议是 TCP/IP 协议簇中的协议之一。FTP 协议包括两个组成部分，其一为 FTP 服务器，其二为 FTP 客户端。其中，FTP 服务器用来存储文件，用户可以使用 FTP 客户端通过 FTP 协议来访问位于 FTP 服务器上的资源。在开发网站时，通常利用 FTP 协议把网页或程序传输到 Web 服务器上。此外，由于 FTP 协议传输效率非常高，因此在网络上传输大的文件时，一般也采用该协议。

9.2 常用 FTP 服务器和客户端程序

目前，市面上有众多的 FTP 服务器和客户端程序，表 9-2 所示为基于 Windows 和 Linux 两种平台的常用 FTP 服务器和客户端程序。

表 9-2　基于 Windows 和 Linux 两种平台的常用 FTP 服务器和客户端程序

程　序	基于 Windows 平台		基于 Linux 平台	
	名　称	连接模式	名　称	连接模式
FTP 服务器程序	IIS	主动、被动	vsftpd	主动、被动
	Serv-U	主动、被动	proftpd	主动、被动
	Xlight FTP Server	主动、被动	Wu-ftpd	主动、被动
FTP 客户端程序	命令行工具 FTP	默认为主动	命令行工具 LFTP	默认为主动
	图形化工具：CuteFTP、LeapFTP	主动、被动	图形化工具：gFTP、IglooFTP	主动、被动
	Web 浏览器	主动、被动	Mozilla 浏览器	主动、被动

9.3　FTP 协议的典型消息

当通过 FTP 客户端程序与 FTP 服务器进行通信时，经常会看到一些由 FTP 服务器发送的消息，这些消息是由 FTP 协议所定义的。表 9-3 所示为 FTP 协议中定义的一些典型消息。

表 9-3　FTP 协议中定义的一些典型消息

消息号	含　义
120	服务在多少分钟内准备好
125	数据连接已经打开，开始传送
150	文件状态正确，正在打开数据连接
200	命令执行正确
202	命令未被执行，该站点不支持此命令
211	系统状态或系统帮助信息回应
212	目录状态
213	文件状态
214	帮助消息，关于如何使用本服务器或特殊的非标准命令
220	对新连接用户的服务已准备就绪
221	控制连接关闭
225	数据连接打开，无数据传输正在进行
226	正在关闭数据连接。请求的文件操作成功（如文件传送或终止）
227	进入被动模式
230	用户已登录。如果不需要，则可以退出
250	请求的文件操作完成
331	用户名正确，需要输入密码

续表

消 息 号	含 义
332	需要登录的账户
350	请求的文件操作需要更多的信息
421	服务不可用，控制连接关闭。例如，由于同时连接的用户过多（已达到同时连接的用户数量限制）或连接超时
425	打开数据连接失败
426	连接关闭，传送中止
450	请求的文件操作未被执行
451	请求的操作中止。发生本地错误
452	请求的操作未被执行。系统存储空间不足，文件不可用
500	语法错误，命令不可识别。可能为命令行过长
501	由参数错误导致的语法错误
502	命令未被执行
503	命令顺序错误
504	由于参数错误，命令未被执行
530	账户或密码错误，未能登录
532	存储文件需要账户信息
550	请求的操作未被执行，文件不可用（如文件未找到或无访问权限）
551	请求的操作被中止，页面类型未知
552	请求的文件操作被中止。超出当前目录的存储分配
553	请求的操作未被执行。文件名不合法

9.4 匿名 FTP 与实名 FTP

1. 匿名 FTP

在使用 FTP 服务时必须先登录 FTP 服务器，在远程主机上获取相应的用户权限以后，方可进行文件的下载或上传。也就是说，如果想要同哪一台主机进行文件传输，则必须获取该台主机的相关使用授权。换言之，除非有登录主机的账户和密码，否则便无法进行文件传输。

但是，这种配置管理方法违背了 Internet 的开放性，Internet 上的 FTP 服务器主机太多了，不可能要求每个用户在每台 FTP 服务器上都拥有各自的账户。因此，匿名 FTP 就应运而生了。

匿名 FTP 是这样一种机制：用户可以通过匿名账户连接到远程主机上，并从该远程主机上下载文件，而无须成为 FTP 服务器的注册用户。此时，Linux 运维工程师会建立一个特殊的用户账户，名为 anonymous，Internet 上的任何用户在任何地方都可以使用该匿名账户下载 FTP 服务器上的资源。

2．实名 FTP

相对于匿名 FTP，一些 FTP 服务仅允许特定用户访问，为一个部门、组织或个人提供网络共享服务，我们称这种 FTP 服务为实名 FTP。

用户在访问实名 FTP 时需要输入账户和密码，Linux 运维工程师需要在 FTP 服务器上注册相应的用户账户。

9.5　FTP 协议的工作原理与工作方式

一个 FTP 会话通常需要包括 5 个软件元素的交互。表 9-4 所示为 FTP 会话的 5 个软件元素及说明，图 9-2 所示为 FTP 协议的工作模型。

表 9-4　FTP 会话的 5 个软件元素及说明

软件元素	说明
用户接口（UI）	提供了一个用户接口并使用客户端协议解释器的服务
客户端协议解释器（CPI）	向远程服务器协议机发送命令并驱动客户端数据传输过程
服务器协议解释器（SPI）	响应客户端协议机发出的命令并驱动服务器端数据传输过程
客户端数据传输协议（CDTP）	负责完成和服务器数据传输过程及客户端本地文件系统的通信
服务器数据传输协议（SDTP）	负责完成和客户端数据传输过程及服务器端文件系统的通信

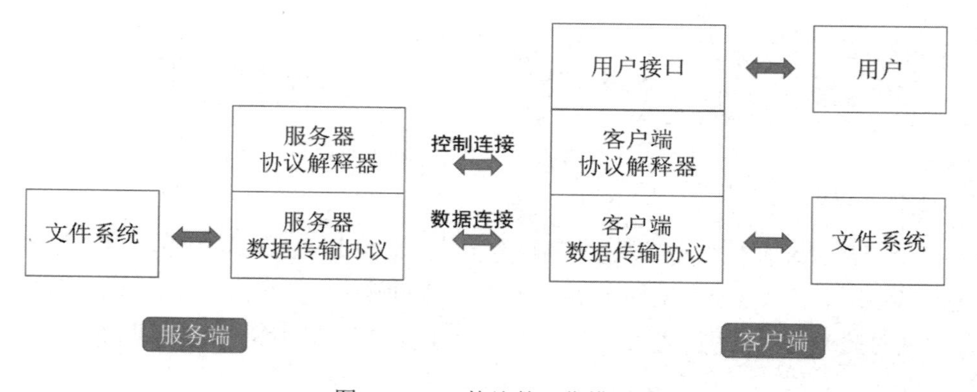

图 9-2　FTP 协议的工作模型

大多数的 TCP 应用协议使用单个的连接，一般是客户端向服务器的一个固定端口发起连接，然后使用这个连接进行通信。但是，FTP 协议却有所不同，FTP 协议在运作时要使用两个 TCP 连接。

在 TCP 会话中，存在两个独立的 TCP 连接：一个是由 CPI 和 SPI 使用的 TCP 连接，被称作控制连接；另一个是由 CDTP 和 SDTP 使用的 TCP 连接，被称作数据连接。FTP 独特的双端口连接结构的优点在于：两个连接可以选择各自合适的服务质量。例如，为控制连接提供更小的延迟时间，为数据连接提供更大的数据吞吐量。

控制连接在执行 FTP 命令时由 FTP 客户端发起请求与 FTP 服务器建立连接。控制连接并不传输数据，只用来传输控制数据传输的 FTP 命令集及其响应。因此，控制连接只需要很小的网络宽带。

在通常情况下，FTP 服务器通过监听端口号 21 来等待控制连接建立请求。一旦 FTP 客户端和 FTP 服务器建立连接，控制连接将始终保持连接状态，而数据连接端口（TCP 20 端口号）仅在传输数据时开启。在 FTP 客户端请求获取 FTP 文件目录、上传文件和下载文件等操作时，FTP 客户端和 FTP 服务器之间将建立一条数据连接，这里的数据连接是全双工的，允许同时进行双向的数据传输，并且 FTP 客户端的端口号是随机产生的，多次建立连接的 FTP 客户端端口号是不同的，一旦传输结束，就马上释放这条数据连接。FTP 客户端和 FTP 服务器请求连接、建立连接、数据传输、数据传输完成、断开连接的过程如图 9-3 所示，其中，FTP 客户端的端口号（TCP 1088 和 1089）是在 FTP 客户端随机产生的。

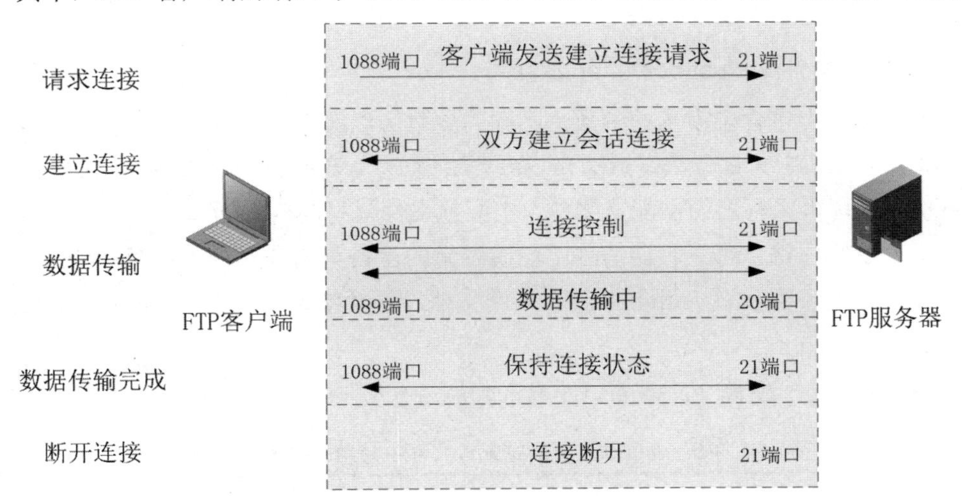

图 9-3　FTP 协议的工作过程

FTP 协议支持两种模式，一种模式叫作 Standard（也就是 PORT 模式，主动模式），另一种模式叫作 Passive（也就是 PASV 模式，被动模式）。Standard 模式的 FTP 客户端发送 PORT 命令到 FTP 服务器。Passive 模式的 FTP 客户端发送 PASV 命令到 FTP 服务器。

PORT 模式的工作原理如下：

FTP 客户端首先和 FTP 服务器的 TCP 21 端口建立连接，通过这个通道来发送命令，当客户端需要接收数据时在这个通道上发送 PORT 命令。PORT 命令包含了客户端用什么端口接收数据。在传送数据时，服务器端通过自己的 TCP 20 端口连接到客户端的指定端口发送数据。FTP 服务器必须和 FTP 客户端建立一个新的连接用来传送数据。

PASV 模式的工作原理如下：

PASV 模式在建立控制通道时与 PORT 模式类似，但是在建立连接后发送的不是 PORT

命令，而是 PASV 命令。FTP 服务器在收到 PASV 命令后，随机打开一个高端端口（端口号大于 1024）并通知 FTP 客户端在这个端口上传送数据的请求，FTP 客户端连接 FTP 服务器此端口，通过三次握手建立通道，然后 FTP 服务器将通过这个端口进行数据的传送。

很多防火墙在设置时都是不允许接受外部发起的连接的，所以许多位于防火墙后或内网的 FTP 服务器不支持 PASV 模式，因为 FTP 客户端无法穿过防火墙打开 FTP 服务器的高端端口；而许多内网中的 FTP 客户端不能使用 PORT 模式登录 FTP 服务器，这是因为从 FTP 服务器的 TCP 20 端口无法和内网中的 FTP 客户端建立一个新的连接，造成无法工作。

9.6 FTP 服务常用文件及参数解析

FTP 服务软件包主要包括以下文件。

1. 主配置文件/etc/vsftpd/vsftpd.conf

主配置文件内包含了大量的参数，不同的参数可以实现对 vsftpd 服务功能的实现和权限的控制，但是其中大部分的参数都是以#开头的注释，在配置前可以将原始的主配置文件进行备份，随后再重写新的主配置文件。主配置文件书写的格式为“option=value”，注意=号两边不能留空白符。每一行前后也不能有多余的空格，选项区分大小写，特殊情况选项值不区分。如果想要查询 vsftpd 的 man 帮助文档，需要检查系统内是否有此帮助文档，请输入 man vsftpd.conf。

vsftpd 服务的主配置文件中常用的参数和解析如表 9-5 所示。

表 9-5　vsftpd 服务的主配置文件中常用的参数和解析

参　数	解　析
anonymous_enable=YES	是否允许匿名访问，YES 为允许，NO 为拒绝
local_enable=YES	是否允许本地用户登录，YES 为允许，NO 为拒绝
write_enable=YES	是否允许用户进行读/写操作，YES 为允许，NO 为拒绝
local_umask=022	默认掩码，即默认创建文件的权限为 777-022=755，目录权限为 666-022=664
anon_upload_enable=YES	是否允许匿名用户上传文件，YES 为允许，NO 为拒绝
anon_mkdir_write_enable=YES	是否允许默认用户创建目录，YES 为允许，NO 为拒绝
dirmessage_enable=YES	在进入目录时会显示.message 文件的内容
xferlog_enable=YES	默认上传或下载的日志被记录在/var/log/vsftpd.log 文件中
connect_from_port_20=YES	使用 20 端口作为数据传输端口
chown_uploads=YES chown_username=whoever	这两行要成对出现，意思为：在上传文件后，文件的所有者变成 whoever，不能重新上传覆盖该文件

续表

参数	解析
pam_service_name=vsftpd	列出与 vsftpd 相关的 PAM 文件
userlist_enable=YES	当该参数的值被设置为 YES 时，启用/etc/vsftpd/user_list 文件。此时，有以下两种情况。 1：若没有 userlist_deny=NO，则/etc/vsftpd/user_list 文件中的用户不能访问 FTP 服务器。 2：若存在 userlist_deny=NO，则仅接受/etc/vsftpd/user_list 文件中存在的用户登录 FTP 服务器的请求（前提是这些用户不存在于/etc/vsftpd/ftpusers 中）。 当该参数的值被设置为 NO 时，不启用/etc/vsftpd/user_list 文件
userlist_file=/etc/vsftpd/users_list	默认的用户名单
guest_enable=YES	是否开启用户身份验证，YES 为开启，NO 为关闭
guest_username=ftp	虚拟用户映射登录的用户为 ftp，此用户的身份为 guest 用户，配合上面选项生效
local_root=/var/ftp	设定本地用户登录的主目录位置
anon_root=/var/ftp	设定匿名用户登录的主目录位置
pasv_enable=YES #port_enable=YES	PORT 为主动模式，PASV 为被动模式，两个模式不能同时使用，必须注释掉一个
pasv_min_port=9000 pasv_max_prot=9200	当使用被动模式时端口的范围。例如，端口的范围为 9000～9200，只能在被动模式下使用
use_localtime=YES	是否使用本地时间，YES 为使用，NO 为不使用
anon_umask=022	匿名用户上传文件的 umask 值
anon_upload_enable=YES	允许匿名用户上传文件
chroot_local_user=YES	锁定所有系统用户在主目录中
anon_other_write_enable=YES	允许匿名用户修改目录名称或删除目录
chroot_list_enable=YES	锁定特定用户在主目录中。当 chroot_local_user=YES 时，则 chroot_list 中的用户不禁锢；当 chroot_local_user=NO 时，则 chroot_list 文件中用户禁锢
ftpd_banner="welcome to mage ftp server"	自定义 FTP 服务器登录提示信息
max_clients=0	最大并发连接数
max_per_ip=0	每个 IP 地址同时发起最大连接数
anon_max_rate=0	匿名用户的最大传输速率
local_max_rate=0	本地用户的最大传输速率

2．vsftpd 认证文件/etc/pam.d/vsftpd

该文件主要用于加强 vsftpd 服务的用户认证，决定 vsftpd 服务使用何种认证方式，可以是本地系统的真实用户认证（模块 pam_unix），也可以是独立的用户认证数据库（模块 pam_userdb），还可以是网络上的 LDAP 数据库（模块 pam_ldap）等。此文件中的 file=/etc/vsftpd/ftpusers 字段，指明阻止访问的用户为来自/etc/vsftpd/ftpusers 文件中的用户。/etc/pam.d/vsftpd 文件的部分输出如下：

```
#%PAM-1.0
session      optional      pam_keyinit.so    force revoke
```

```
auth        required    pam_listfile.so item=user sense=deny file=/etc/vsftpd/
ftpusers onerr=succeed
auth        required    pam_shells.so
auth        include     password-auth
account     include     password-auth
session     required    pam_loginuid.so
session     include     password-auth
```

3．黑名单/etc/vsftpd/ftpusers

/etc/vsftpd/ftpusers 文件不受任何配置项的影响，它总是有效，它是一个黑名单！该文件存放的是一个禁止访问 FTP 服务器的用户列表，通常出于安全性考虑，Linux 运维工程师不希望一些拥有过大权限的账户（如 root）登录 FTP 服务器，以免通过该账户从 FTP 服务器上传或下载一些危险位置上的文件，从而对系统造成损坏。这个文件中默认已经包含了 root、bin 和 daemon 等系统账户。/etc/vsftpd/ftpusers 文件的部分输出如下：

```
# Users that are not allowed to login via ftp  //不允许下列用户登录 FTP 服务器
root
bin
daemon
adm
lp
sync
shutdown
【...省略显示部分内容...】
```

4．用户列表/etc/vsftpd/user_list

这个文件中包括的用户有可能是被拒绝访问 vsftpd 服务的，也可能是允许访问 vsftpd 服务的，这完全是由 vsftpd 服务的主配置文件(/etc/vsftpd/vsftpd.conf)中的参数 userlist_deny 和参数 userlist_enable 的值是被设置为 YES（默认值）还是被设置为 NO 来决定的。用户列表信息如下：

```
userlist_enable=YES   userlist_deny=YES      //黑名单，拒绝文件中的用户访问 FTP 服务器
userlist_enable=YES   userlist_deny=NO       //白名单，拒绝除文件中的用户外的用户访问 FTP 服务器
userlist_enable=NO   userlist_deny=YES/NO    //无效名单，表示没有对任何用户进行限制访问
```

5．默认共享站点目录/var/ftp

该目录是 vsftpd 提供服务的文件集散地，它包括一个 pub 子目录。在默认配置下，所有的目录都是只读状态，只有 root 用户有写的权限。

项目实施

任务 9-1 部署企业公共 FTP 站点

任务规划

在 FTP 服务器上创建一个公共 FTP 站点，并在站点根目录——“/var/ftp/文档中心”目录中分别创建“产品技术文档”、“公司品牌宣传”和“常用软件工具”等子目录，以实现公共文档的分类管理，方便员工下载文档。任务 9-1 的网络拓扑如图 9-4 所示。

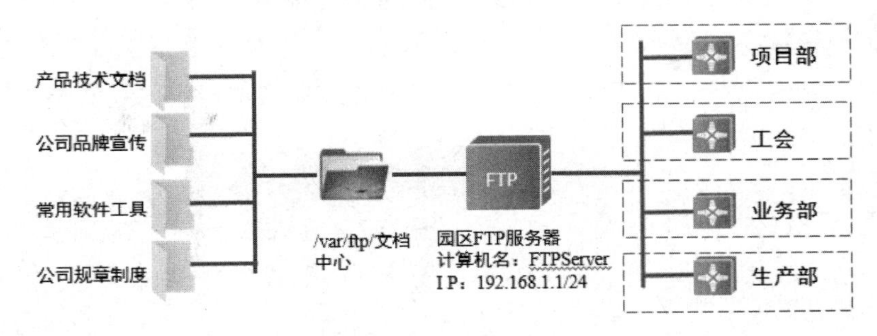

图 9-4　任务 9-1 的网络拓扑

CentOS 8 服务器具备 FTP 服务的功能，本任务可以在 FTP 服务器上安装 FTP 功能，并通过以下步骤来实现公司公共 FTP 站点的建设。

（1）在 FTP 服务器上创建 FTP 站点目录。

（2）在 FTP 服务器上安装 vsftpd 服务。

（3）修改 FTP 服务主配置文件的参数。

（4）启动 FTP 服务。

任务实施

1. 在 FTP 服务器上创建 FTP 站点目录

（1）在 FTP 服务器的/var/ftp 目录中创建“文档中心”目录，并在“文档中心”目录中分别创建“产品技术文档”、“公司品牌宣传”和“常用软件工具”等子目录。在“产品技术文档”目录中创建 a.txt 文件。配置命令如下：

```
[root@HTTP ~]# mkdir /var/ftp/文档中心
[root@HTTP ~]# cd /var/ftp/文档中心
[root@HTTP 文档中心]# mkdir 产品技术文档 公司品牌宣传 常用软件工具 公司规章制度
[root@HTTP 文档中心]# ll
```

```
total 0
drwxr-xr-x 2 root root 6 Aug  3 22:32 产品技术文档
drwxr-xr-x 2 root root 6 Aug  3 22:32 公司品牌宣传
drwxr-xr-x 2 root root 6 Aug  3 22:32 常用软件工具
drwxr-xr-x 2 root root 6 Aug  3 22:32 公司规章制度
[root@FTP 文档中心]# cd 产品技术文档
[root@FTP 产品技术文档]# touch a.txt
```

（2）修改“文档中心”目录的默认所属主和所属组参数，避免用户无法读/写目录中的数据的情况出现。配置命令如下：

```
[root@FTP 文档中心]# chown -R ftp.ftp /var/ftp/文档中心
```

2. 在 FTP 服务器上安装 vsftpd 服务

（1）使用 yum 命令来安装 vsftpd 服务。配置命令如下：

```
[root@FTP ~]# yum -y install vsftpd.x86_64
```

（2）使用 rpm 命令来检查系统是否安装了 vsftpd 服务或查看已经安装了何种版本。配置命令如下：

```
[root@FTP ~]# rpm -qa | grep vsftpd
vsftpd-3.0.3-31.el8.x86_64
```

（3）启动 vsftpd 服务，并设置为开机自动启动。配置命令如下：

```
[root@FTP ~]# systemctl start vsftpd.service
[root@FTP ~]# systemctl enable vsftpd
[root@FTP ~]# systemctl status vsftpd.service
● vsftpd.service - Vsftpd ftp daemon
  Loaded: loaded (/usr/lib/systemd/system/vsftpd.service; enabled; vendor preset: disabled)
  Active: active (running) since Mon 2020-08-03 22:48:30 EDT; 5min ago
 Main PID: 27747 (vsftpd)
【...省略显示部分内容...】
```

3. 修改 FTP 服务主配置文件的参数

（1）在修改 vsftpd 服务的配置文件之前，先对主配置文件进行备份。配置命令如下：

```
[root@FTP ~]# cp /etc/vsftpd/vsftpd.conf /etc/vsftpd/vsftpd.conf.bak
```

（2）修改 vsftpd 服务的主配置文件，这里需要设置 FTP 服务允许匿名登录、允许匿名用户上传与下载和创建目录，但是不允许删除共享目录中的内容。配置命令如下：

```
[root@FTP ~]# vim /etc/vsftpd/vsftpd.conf
anonymous_enable=YES            ##设置允许匿名用户登录
#local_enable=YES               ##注释此行表示禁止本地用户登录
#local_umask=022                ##注释此行表示取消对本地用户设置新增文件的权限掩码
write_enable=YES                ##设置匿名用户具备写入权限
anon_upload_enable=YES          ##设置匿名用户具备上传权限
anon_umask=022                  ##设置匿名用户新增文件的权限掩码
```

```
anon_mkdir_write_enable=YES     ##允许匿名用户创建目录
anon_other_write_enable=NO      ##禁止匿名用户修改或删除文件
```

4. 启动FTP服务

通过 systemctl 命令来启动 FTP 服务，并设置为 FTP 服务开机自动启动。配置命令如下：

```
[root@FTP ~]# systemctl start vsftpd.service
[root@FTP ~]# systemctl enable vsftpd
```

任务验证

（1）在 FTP 服务器上使用 ss 命令来检查端口启用情况，应能查看到 FTP 服务默认监听的 21 端口已启用，代码如下：

```
[root@FTPServer ~]# ss -lnt | grep 21
LISTEN    0         32                    *:21                    *:*
```

（2）配置客户端 PC1 的 IP 地址为 192.168.1.2/24，代码如下：

```
[root@PC1 ~]# nmcli connection modify ens34 ipv4.addresses 192.168.1.2/24 [root@PC1
~]# nmcli connection up ens34
```

（3）在客户端 PC1 上，通过 ftp 相关命令来访问 FTP 站点，使用匿名账户 anonymous 或 ftp 登录（密码为空）。在登录成功后，应能成功测试使用 mkdir 命令创建目录，而删除目录则会失败，代码如下：

```
[root@PC1 ~]# ftp 192.168.1.1
Connected to 192.168.1.1 (192.168.1.1).
220 (vsFTPd 3.0.3)
Name (192.168.1.1:root): anonymous
331 Please specify the password.
Password:
230 Login successful.
Remote system type is UNIX.
Using binary mode to transfer files.
ftp> cd 文档中心
250 Directory successfully changed.
ftp> mkdir test
257 "/文档中心/test" created
ftp> rm test
550 Permission denied.
```

（4）在使用匿名用户登录成功后，切换到“产品技术文档”目录，尝试将 a.txt 文件下载到本地并且修改名称为 file.txt 的操作也会成功，代码如下：

```
ftp> cd 产品技术文档
250 Directory successfully changed.
```

```
ftp> get a.txt file.txt
local: file.txt remote: a.txt
227 Entering Passive Mode (192,168,1,1,44,207).
150 Opening BINARY mode data connection for a.txt (0 bytes).
226 Transfer complete.
ftp> quit
221 Goodbye.
[root@PC1 ~]# ll
总用量 8
-rw-------. 1 root root 1479 7月  24 07:51 anaconda-ks.cfg
drwxr-xr-x. 2 root root    6 7月  24 08:00 Desktop
drwxr-xr-x. 2 root root    6 7月  24 08:00 Documents
drwxr-xr-x. 2 root root    6 7月  24 08:00 Downloads
-rw-r--r--  1 root root    0 8月   4 03:29 file.txt
```

任务 9-2　部署部门专属 FTP 站点

任务规划

通过任务 9-1，公司创建了公共 FTP 站点，为员工下载公司共用文件提供了便利，提高了工作效率。各部门也相继提出了建立部门级数据共享空间的需求，具体要求如下所述。

（1）在/var/ftp 目录中为各部门建立“部门文档中心”目录，并在该目录中分别创建“行政部”、“项目部”和“工会”等部门专属目录。

（2）为各部门创建相应的服务账户。

（3）创建部门专属 FTP 站点，站点的根目录为“部门文档中心”目录，站点的权限如下所述。

- 不允许用户切换到其他目录。
- 各部门用户服务账户仅允许访问对应部门的专属目录，对专属目录有上传和下载的权限。

（4）部门专属 FTP 站点的访问地址为 ftp://192.168.1.1:2100。

本任务在部署部门专属 FTP 站点时，可以先创建一个具有上传和下载权限的站点，然后在发布目录和子目录中配置权限，给予服务账户制定相匹配的权限。在服务账户的设计中，可以根据组织架构的特征，完成用户服务账户的创建。因此，应根据与 FTP 服务相关的公司组织架构来规划设计相应的服务账户与 FTP 站点架构，结果如图 9-5 所示。

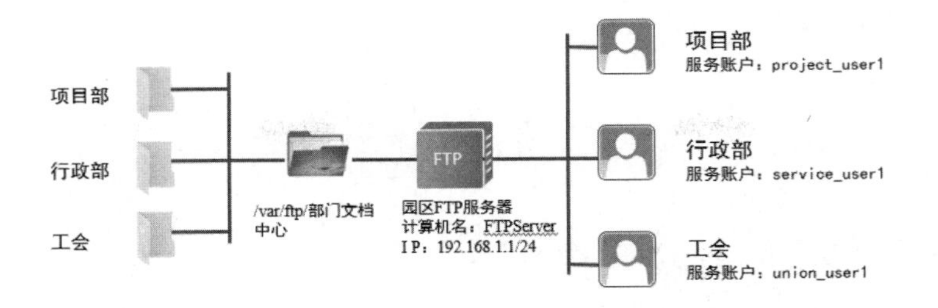

图 9-5 部门 FTP 站点架构

本任务可分解为以下步骤。

（1）创建各部门 FTP 站点的专属服务账户。

（2）创建基于不同端口的 FTP 服务配置文件。

（3）重新启动 FTP 服务。

任务实施

1. 创建各部门 FTP 站点的专属服务账户

（1）创建 FTP 站点物理目录

在 FTP 服务器上创建用户 project_user1、service_user1 和 union_user1，并且设置主目录分别为/var/ftp 目录下的“项目部”、“行政部”和“工会”等共享目录，设置密码为 1qaz@WSX。配置命令如下：

```
[root@FTP ~]# useradd -d /var/ftp/项目部 project_user1
[root@FTP ~]# useradd -d /var/ftp/行政部 service_user1
[root@FTP ~]# useradd -d /var/ftp/工会 union_user1
[root@FTP ~]# echo "1qaz@WSX" | passwd --stdin project_user1
[root@FTP ~]# echo "1qaz@WSX" | passwd --stdin service_user1
[root@FTP ~]# echo "1qaz@WSX" | passwd --stdin union_user1
```

（2）在 FTP 服务器上每个用户的主目录下，分别创建测试用的 txt 文本文件。配置命令如下：

```
[root@FTP ~]# touch /var/ftp/项目部/project.txt
[root@FTP ~]# touch /var/ftp/行政部/service.txt
[root@FTP ~]# touch /var/ftp/工会/union.txt
```

2. 创建基于不同端口的 FTP 服务配置文件

（1）创建一个名称为/etc/vsftpd/vsftpd2100.conf 的配置文件，在配置文件中设置 FTP 服务禁用匿名登录、允许本地用户登录但不允许用户切换目录，设置本地用户对目录有上传和下载的权限，设置监听的端口为 2100。配置命令如下：

```
[root@FTP ~]# vim /etc/vsftpd/vsftpd2100.conf
anonymous_enable=NO
```

```
local_enable=YES
write_enable=YES
local_umask=022
chroot_local_user=YES
chroot_list_enable=YES
chroot_list_file=/etc/vsftpd/chroot_list
pam_service_name=vsftpd
listen_port=2100
```

（2）修改 chroot_list 文件，将需要受到禁止切换目录限制的用户添加到此文件中。配置命令如下：

```
[root@FTP ~]# vim /etc/vsftpd/chroot_list
project_user1
service_user1
union_user1
```

3. 重新启动 FTP 服务

在配置完成后，通过 systemctl 命令来启动 FTP 服务，在 VSFTP 软件中，允许通过修改配置文件名称的方式来建立多个 FTP 站点服务，在启动时需要在 vsftpd 服务名称后加上“@新配置文件名称”。配置命令如下：

```
[root@FTP ~]# systemctl restart vsftpd@vsftpd2100.conf
```

任务验证

（1）在 FTP 服务器上通过“ss”命令来检查端口启用情况，查看到 2100 端口已经处在监听状态则代表服务已经正常启动，代码如下：

```
[root@FTPServer ~]# ss -tlnp |grep 2100
LISTEN     0      32     *:2100     *:*        users:(("vsftpd",pid=1478,fd=3))
```

（2）在客户端 PC1 上，使用项目部专属用户账户 project_user1 访问 FTP 站点，通过 pwd 命令可以查看到用户登录后将处于主目录，通过 mkdir 命令可以创建新目录，在新目录创建成功后将其删除，把 project.txt 文本文件下载到本地，最后切换目录失败，代码如下：

```
[root@PC1 ~]# ftp 192.168.1.1 2100
Connected to 192.168.1.1 (192.168.1.1).
220 (vsFTPd 3.0.3)
Name (192.168.1.1:root): project_user1
331 Please specify the password.
Password:
230 Login successful.
Remote system type is UNIX.
Using binary mode to transfer files.
ftp> pwd
257 "/var/ftp/部门文档中心/项目部" is the current directory
```

```
ftp> ls
227 Entering Passive Mode (192,168,1,1,59,238).
150 Here comes the directory listing.
-rw-r--r--    1 0        0               0 Aug 04 08:58 project.txt
226 Directory send OK.
ftp> get project.txt
local: project.txt remote: project.txt
227 Entering Passive Mode (192,168,1,1,106,229).
150 Opening BINARY mode data connection for project.txt (0 bytes).
226 Transfer complete.
ftp> mkdir test
257 "/var/ftp/部门文档中心/项目部/test" created
ftp> cd /root
550 Failed to change directory.
ftp> exit
```

任务 9-3 配置 FTP 服务器权限

任务规划

对于“工会”目录的权限问题，可以通过虚拟用户的方式进行划分。Linux 运维工程师进行了如表 9-6 所示的规划。

表 9-6 FTP 虚拟用户及权限规划

所属系统用户	虚拟用户名	用 户	站 点 目 录	权 限
union_user1	xiaozhao	小赵	/var/ftp/部门文档中心/工会	可读、可写、可上传
	xiaochen	小陈		只读、下载、不能上传
	xiaocai	小蔡		只读、下载、不能上传

本任务可分解为以下步骤。

（1）创建 FTP 虚拟用户。

（2）修改 FTP 服务配置文件的参数。

（3）配置 FTP 虚拟用户权限。

（4）重启 FTP 服务。

任务实施

1．创建 FTP 虚拟用户

（1）创建存放虚拟用户的文件，在添加虚拟用户时，奇数行写用户名，偶数行写密码。配置命令如下：

```
[root@FTPServer ~]# vim /root/ftp_vuser
xiaozhao
12345
xiaochen
12345
xiaocai
12345
```

（2）使用 db_load 命令从/root/ftp_vuser 文件中生成虚拟用户数据库文件/etc/vsftpd/ftp_vuser.db。配置命令如下：

```
[root@FTPServer ~]# db_load -T -t hash -f /root/ftp_vuser /etc/vsftpd/ftp_vuser.db
##在上述命令中，指定了选项-T -t hash 表示指定生成 hash 数据格式文件数据库。选项-f 后面接包含用户名和密码的文本文件，奇数行写用户名，偶数行写密码
```

（3）添加虚拟用户的映射账户，创建映射用户的宿主目录。创建 FTP 根目录。配置命令如下：

```
[root@FTPServer ~]# useradd -d /var/ftp/部门文档中心/工会 -s /sbin/nologin union_user1
[root@FTP ~]# chmod 777 /var/ftp/部门文档中心/工会
```

（4）为虚拟用户建立 PAM 认证文件，此文件将用于对虚拟用户认证的控制。配置命令如下：

```
[root@FTPServer ~]# vim /etc/pam.d/vsftpd.login
auth required pam_userdb.so db=/etc/vsftpd/ftp_vuser
account required pam_userdb.so db=/etc/vsftpd/ftp_vuser
```

以上内容，通过参数 db=/etc/vsftpd/vusers 指定了要使用的虚拟用户数据库文件的位置（此处不需要写.db 扩展名）。

2. 修改 FTP 服务配置文件的参数

修改 vsftpd 服务的主配置文件。配置命令如下：

```
[root@FTPServer ~]# cp /etc/vsftpd/vsftpd.conf /etc/vsftpd/vsftpd2120.conf
[root@FTPServer ~]# vim /etc/vsftpd/vsftpd2120.conf
##在配置文件末尾修改并新增如下条目
pam_service_name=vsftpd.login                ##设置用于虚拟用户认证的 PAM 文件的位置
listen_port=2120
guest_enable=YES                             ##设置启用虚拟用户
guest_username=union_user1                   ##设置虚拟用户映射的系统用户名称
user_config_dir=/etc/vsftpd/vusers_dir       ##指定虚拟用户独立的配置文件目录
allow_writeable_chroot=YES                   ##允许可写用户登录
```

3. 配置 FTP 虚拟用户权限

（1）创建虚拟用户配置文件目录。配置命令如下：

```
[root@FTPServer ~]# mkdir /etc/vsftpd/vusers_dir
```

（2）创建并设置虚拟用户 xiaozhao 的权限配置文件，使小赵对 huananqu 目录具有完全

控制权限。配置命令如下：

```
[root@FTPServer ~]# vi /etc/vsftpd/vusers_dir/xiaozhao
virtual_use_local_privs=NO
write_enable=YES                              ##设置虚拟用户可写入
anon_world_readable_only=NO
anon_upload_enable=YES                        ##设置虚拟用户可上传文件
anon_mkdir_write_enable=YES                   ##设置虚拟用户可创建文件目录
anon_other_write_enable=YES                   ##设置虚拟用户可重命名、删除
```

（3）创建并设置虚拟用户 xiaochen 的权限配置文件，使小陈对 huabeiqu 目录具有完全控制权限。配置命令如下：

```
[root@FTPServer ~]# vi /etc/vsftpd/vusers_dir/xiaochen
virtual_use_local_privs=NO
write_enable=NO
anon_world_readable_only=NO
anon_upload_enable=NO                         ##设置虚拟用户不可上传文件
anon_mkdir_write_enable=NO                    ##设置虚拟用户不可创建文件目录
anon_other_write_enable=NO                    ##设置虚拟用户不可重命名、删除
```

（4）创建并设置虚拟用户 xiaocai 的权限配置文件，使小蔡对 xibeiqu 目录具有完全控制权限。配置命令如下：

```
[root@FTPServer ~]# vi /etc/vsftpd/vusers_dir/xiaocai
virtual_use_local_privs=NO
write_enable=NO
anon_world_readable_only=NO
anon_upload_enable=NO                         ##设置虚拟用户不可上传文件
anon_mkdir_write_enable=NO                    ##设置虚拟用户不可创建文件目录
anon_other_write_enable=NO                    ##设置虚拟用户不可重命名、删除
```

4. 重启 FTP 服务

重启 vsftpd 服务。配置命令如下：

```
[root@FTPServer ~]# systemctl restart vsftpd@vsftpd2120
```

任务验证

在客户端 PC1 上，使用虚拟用户 xiaozhao 访问 FTP 站点，可以上传文件和创建目录；而使用虚拟用户 xiaochen 或 xiaocai 访问 FTP 站点，则只能读取文件和下载文件。代码如下：

```
[root@PC1 ~]# ftp 192.168.1.1 2120
Connected to 192.168.1.1 (192.168.1.1).
220 (vsFTPd 3.0.3)
Name (192.168.1.1:root): xiaozhao
331 Please specify the password.
```

```
Password:
230 Login successful.
Remote system type is UNIX.
Using binary mode to transfer files.
ftp> mkdir test
257 "/var/ftp/部门文档中心/工会/test" created
ftp> put anaconda-ks.cfg aaa.cfg
local: anaconda-ks.cfg remote: aaa.cfg
227 Entering Passive Mode (192,168,1,1,163,12).
150 Ok to send data.
226 Transfer complete.
2366 bytes sent in 9.6e-05 secs (24645.83 Kbytes/sec)
ftp>exit
[root@PC1 ~]# ftp 192.168.1.1 2120
Connected to 192.168.1.1 (192.168.1.1).
220 (vsFTPd 3.0.3)
Name (192.168.1.10:root): xiaochen
331 Please specify the password.
Password:
230 Login successful.
Remote system type is UNIX.
Using binary mode to transfer files.
ftp> ls
227 Entering Passive Mode (192,168,1,1,21,238).
150 Here comes the directory listing.
-rw-r--r--    1 1002     1002          2366 Oct 29 10:09 aaa.cfg
drwxr-xr-x    2 1002     1002          4096 Oct 29 10:09 test
226 Directory send OK.
ftp> put anaconda-ks.cfg aaa2.cfg
local: anaconda-ks.cfg remote: aaa2.cfg
227 Entering Passive Mode (192,168,1,1,164,116).
550 Permission denied.
ftp> mkdir test
550 Permission denied.
ftp> get aaa.cfg
local: aaa.cfg remote: aaa.cfg
227 Entering Passive Mode (192,168,1,1,68,30).
150 Opening BINARY mode data connection for aaa.cfg (2366 bytes).
226 Transfer complete.
2366 bytes received in 0.000786 secs (3010.18 Kbytes/sec)
```

练习与实践

一、理论习题

1．FTP 服务的主要功能是（　　）。

A．传送网上所有类型的文件　　B．远程登录

C．收发电子邮件　　D．浏览网页

2．FTP 的中文意义是（　　）。

A．高级程序设计语言　　B．域名

C．文件传送协议　　D．网址

3．Internet 在支持 FTP 方面，下列说法正确的是（　　）。

A．能进入非匿名式的 FTP，无法上传　　B．能进入非匿名式的 FTP，可以上传

C．只能进入匿名式的 FTP，无法上传　　D．只能进入匿名式的 FTP，可以上传

4．将文件从 FTP 服务器传输到客户端的过程称为（　　）。

A．upload　　B．download　　C．upgrade　　D．update

5．以下哪个是 FTP 服务使用的端口号？（　　）

A．21　　B．23　　C．25　　D．22

6．在 vsftpd 服务配置文件中，出现了 anonymous_enable=YES，该字段的含义是（　　）。

A．允许匿名用户访问　　B．允许本地用户登录

C．允许匿名用户上传文件　　D．允许默认用户创建目录

二、项目实训题

1．项目描述与需求

某大学计算机学院为了方便文件集中管理，学院负责人安排 Linux 运维工程师负责安装并配置一台 FTP 服务器，主要用于教学文件归档、常用软件的共享和学生作业的管理等。计算机学院的网络拓扑如图 9-6 所示。

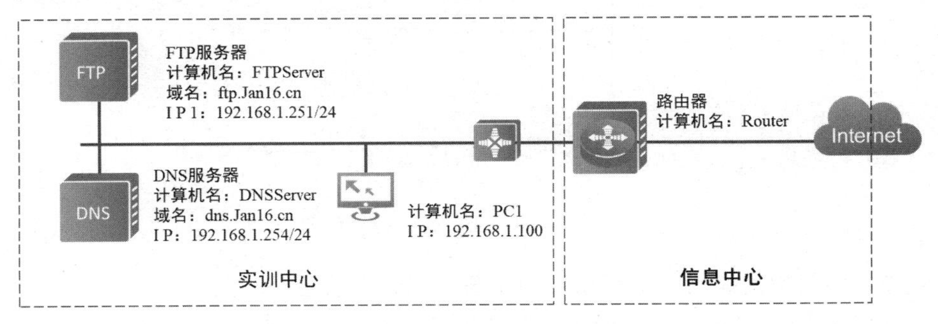

图 9-6 计算机学院的网络拓扑

（1）FTP 服务器的配置和管理要求如下所述。

① 站点的根目录为/var/ftp 目录。

② 在/var/ftp 目录下分别建立“教师资料区”、“教务员资料区”、“辅导员资料区”、“学院领导资料区”和“资料共享中心”等目录，提供给实训中心各部门使用。

③ 为每个部门的人员创建对应的 FTP 账户和密码，FTP 账户对目录的权限如表 9-7 所示。

表 9-7　FTP 账户对目录的权限

账　户	对目录的权限					
	教师 A 教学资料区	学生作业区	教务员资料区	辅导员资料区	学院领导资料区	资料共享中心
Teacher_A（教师）	完全控制	完全控制	无权限	无权限	无权限	读
Student_A（学生）	无权限	写	无权限	无权限	无权限	无权限
Secretary（教务员）	读	读	完全控制	无权限	无权限	读
Assistant（辅导员）	无权限	无权限	无权限	完全控制	无权限	读
Soft_center（机房管理员）	无权限	无权限	无权限	无权限	无权限	完全控制
Download（资料共享中心下载账户）	无权限	无权限	无权限	无权限	无权限	读
President（院长）	完全控制	完全控制	完全控制	完全控制	完全控制	完全控制

（2）各个部门所创建的目录和账户的对应关系如图 9-7 所示。

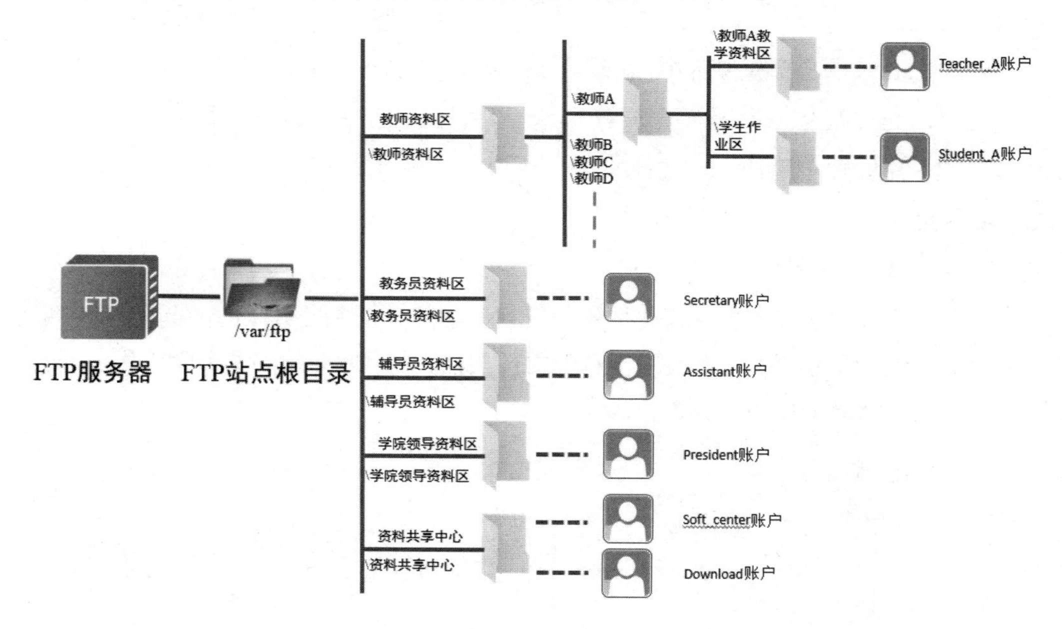

图 9-7　各个部门所创建的目录和账户

（3）各个部门所创建的目录和账户的相关说明如下所述。

① 教师资料区：计算机学院所有教师的教学资料和学生作业存放在“教师资料区”目

录中。为所有教师在“教师资料区”目录下创建对应教师姓名的目录，如A教师对应的目录的名称为“教师A”，在“教师A”目录下再创建两个子目录。其中，一个子目录的名称为“教师A教学资料区”，用于存放该教师的教学文件；另一个子目录的名称为“学生作业区”，用于存放学生的作业。为每位教师分配Teacher_A和Student_A两个账户，对应密码分别为123和456。Teacher_A账户对“教师A”目录下的所有文件具有完全控制权限，而Student_A账户则可以在该教师的“学生作业区”目录中上传作业，即写入的权限，除此之外没有其他任何权限。教师B和教师C等其他教师的FTP账户和文件的管理方法，与教师A的方法相同。

② 教务员资料区：保存学院的常规教学文件、规章制度和通知等资料。为教务员创建一个FTP账户Secretary，密码为789。

③ 辅导员资料区：保存学院的学生工作的常规文件、规章制度和通知等资料。为辅导员创建一个FTP账户Assistant，密码为159。

④ 学院领导资料区：保存学院领导的相关文件等资料。为学院领导创建一个FTP账户President，密码为123456。

⑤ 资料共享中心：主要保存常用的软件和公共资料等，提供给全院师生下载。为学院机房管理员创建一个资料共享中心的FTP账户Soft_center，密码为123456，该账户对“资料共享中心”目录下的所有文件具有完全控制权限；为学院创建一个资料共享中心的公用FTP账户Download，密码为Download，该账户提供给全院师生下载共享资料使用。

2．项目实施要求

（1）在客户端PC的终端中输入ftp 192.168.1.251，使用Teacher_A账户和密码登录FTP服务器，测试相关的权限，并截取结果。

（2）在客户端PC的终端中输入ftp 192.168.1.251，使用Student_A账户和密码登录FTP服务器，测试相关的权限，并截取结果。

（3）在客户端PC的终端中输入ftp 192.168.1.251，使用Secretary账户和密码登录FTP服务器，测试相关的权限，并截取结果。

（4）在客户端PC的终端中输入ftp 192.168.1.251，使用Assistant账户和密码登录FTP服务器，测试相关的权限，并截取结果。

（5）在客户端PC的终端中输入ftp 192.168.1.251，使用President账户和密码登录FTP服务器，测试相关的权限，并截取结果。

（6）在客户端PC的终端中输入ftp 192.168.1.251，使用Soft_center账户和密码登录FTP服务器，测试相关的权限，并截取结果。

（7）在客户端PC的终端中输入ftp 192.168.1.251，使用Download账户和密码登录FTP服务器，测试相关的权限，并截取结果。

项目 10　部署企业的 Squid 服务

学习目标

（1）了解 Squid 的基本概念。

（2）掌握 Squid 缓存代理服务器的安装配置。

（3）掌握企业网 Squid 服务的部署业务实施流程和职业素养。

项目描述

Jan16 公司使用 NAT 技术能实现公司内部主机联网的需求。经过一段时间的监控，运维工程师发现，使用 NAT 技术联网仍然存在一定的危险。局域网内的主机上网时还是有可能暴露或被黑客攻击。并且，运维工程师发现，局域网内部主机访问 Web 服务器时速度缓慢。反馈问题后，公司希望运维工程师能尽快解决这些问题。公司的网络拓扑如图 10-1 所示。

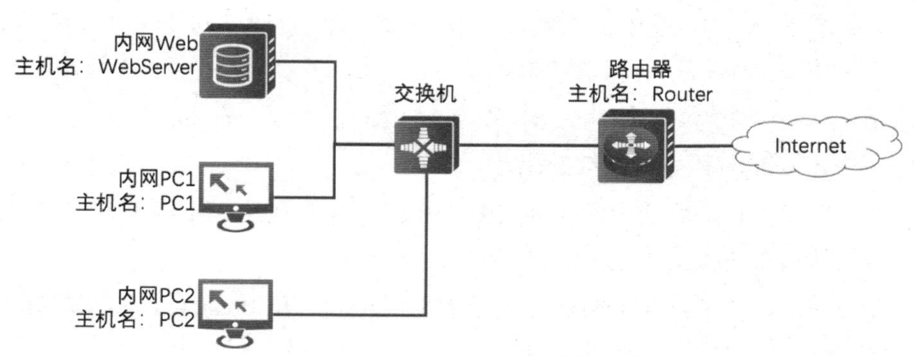

图 10-1　公司的网络拓扑

公司各设备的配置信息如表 10-1 所示。

表 10-1 公司各设备的配置信息

设备名	主机名	操作系统	IP 地址	接口
内网 Web	WebServer	CentOS 8	192.168.1.20/24	ens34
内网 PC1	PC1	CentOS 8	192.168.1.10/24	ens34
内网 PC2	PC2	CentOS 8	192.168.2.10/24	ens34
路由器	Router	CentOS 8	192.168.1.1/24	ens34
				ens33

项目分析

在本项目中，需要解决公司主机安全上网及局域网内部加速访问 Web 服务器的问题。这两个问题可以通过部署 Squid 代理服务进行解决。Squid 是一个 Web 的缓存代理服务，支持 HTTP、HTTPS 和 FTP 等协议，它可以通过缓存和重用经常请求的网页来减少带宽消耗并缩短响应时间。另外，Squid 具有访问控制的功能，能为内网主机提供有效的安全访问控制，从而整体提升局域网的安全性。

综上所述，本项目需要完成如下几个任务。

（1）部署企业的正向代理服务器，实现内网 PC 通过代理上网。

（2）应用代理访问控制功能，提高内网的安全性。

（3）部署企业的反向代理服务器，实现内网 PC 加速访问 Web 服务器。

相关知识

10.1 Squid

Squid 是一个缓存 Internet 数据的软件，其接收用户的下载申请，并自动处理所下载的数据。当一个用户想要下载一个主页时，可以向 Squid 发出一个申请，要 Squid 代替其进行下载，然后 Squid 连接所申请网站并请求该主页，接着把该主页传给用户并保留一个备份，当别的用户申请同样的页面时，Squid 把保存的备份立即传给用户，大大提高了访问效率。Squid 可以代理 HTTP、FTP、Gopher、SSL 和 WAIS 等协议，可以自动地进行处理。用户可以根据自己的需要设置 Squid，实现按需过滤的功能。

按照代理类型的不同，可以将 Squid 代理分为正向代理和反向代理。在正向代理中，根据实现方式的不同，又可以分为普通代理和透明代理。

10.2　Squid 代理服务的工作流程

当 Squid 代理服务器中有客户端需要的数据时，主要包含以下工作流程：

（1）客户端向 Squid 代理服务器发送数据请求。

（2）Squid 代理服务器检查自己的数据缓存。

（3）Squid 代理服务器在缓存中找到了用户想要的数据，取出数据。

（4）Squid 代理服务器将从缓存中取得的数据返回给客户端。

当 Squid 代理服务器中没有客户端需要的数据时，主要包含以下工作流程：

（1）客户端向 Squid 代理服务器发送数据请求。

（2）Squid 代理服务器检查自己的数据缓存。

（3）Squid 代理服务器在缓存中没有找到用户想要的数据。

（4）Squid 代理服务器向 Internet 上的远端服务器发送数据请求。

（5）远端服务器响应，返回相应的数据。

（6）Squid 代理服务器取得远端服务器发送的数据，返回给客户端，并保留一份到自己的数据缓存中。

Squid 代理服务工作流程如图 10-2 所示。

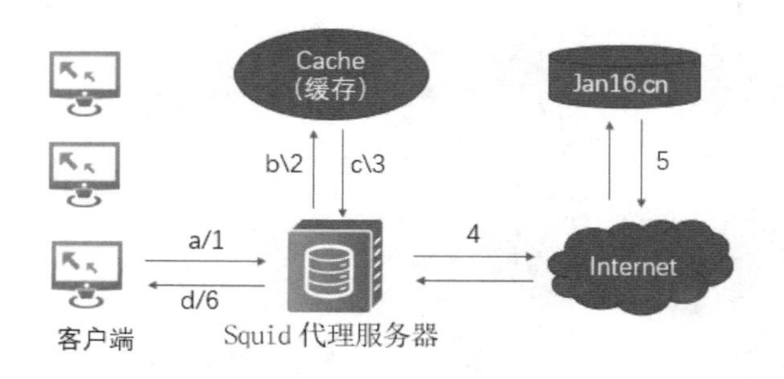

图 10-2　Squid 代理服务工作流程

10.3　正向代理

正向代理是一台位于客户端和原始服务器之间的服务器（Squid 代理服务器）。客户端必须先进行一些必要设置（必须知道 Squid 代理服务器的 IP 地址和端口号），将每一次请求先发送到 Squid 代理服务器上，Squid 代理服务器将请求转发到真实服务器并取得响应结果后，返回给客户端。

简单来说，就是Squid代理服务器代替客户端去访问目标服务器（即隐藏客户端）。

正向代理的主要作用如下所述。

（1）绕过无法访问的结点，从另一条路由路径对目标服务器进行访问。

（2）加速访问，通过不同的路由路径来提高访问速度（现在通过带宽的提高等方式，基本不用此方式提速）。

（3）缓存作用，数据缓存在Squid代理服务器中，若客户端请求的数据在缓存中，则不去访问目标服务器。

（4）权限控制，防火墙授权Squid代理服务器访问权限，客户端通过正向代理可以通过防火墙（如一些公司采用的ISA Server权限判断）。

（5）隐藏访问者，通过配置，目标服务器只能获得Squid代理服务器的信息，无法获取真实访问者的信息。

10.4 反向代理

反向代理与正向代理正好相反，对客户端而言，它就像是后端服务器，并且客户端不需要进行任何特别的设置。客户端向反向代理发送普通请求，接着反向代理将根据对应的算法判断向哪一台后端服务器转发请求，转发完成后将获得的响应结果返回给客户端。

简单来说，就是Squid代理服务器代替目标服务器去接收并返回客户端的请求（即隐藏目标服务器）。

反向代理的主要作用如下所述。

（1）隐藏原始服务器，防止服务器被恶意攻击等，让客户端认为Squid代理服务器是原始服务器。

（2）缓存作用，将原始服务器数据进行缓存，减少原始服务器的访问压力。

10.5 透明代理

透明代理缓冲服务和标准的Squid代理服务器的功能完全相同。但是，代理操作对客户端的浏览器是透明的（即不需要指明Squid代理服务器的IP地址和端口），一般搭建在网络出口的地方。透明代理服务器阻断网络通信，并且过滤出访问外部的HTTP（80端口）流量。如果客户端的请求在本地有缓冲，则将缓冲的数据直接发给用户；如果在本地没有缓冲，则向远程Web服务器发出请求；其余操作和标准的Squid代理服务器完全相同。对于 Linux 系统来说，透明代理使用 iptables 或 ipchains 来实现。因为不需要对浏览器进行任何设置，所以，透明代理对于 ISP（互联网服务提供商）特别有用。

10.6 Squid ACL

Squid 提供了强大的代理控制机制，通过合理设置 ACL（Access Control List，访问控制列表）并进行限制，可以针对源 IP 地址、目标 IP 地址、访问的 URL 路径和访问的时间等各种条件进行过滤。

1. ACL 访问控制的步骤

（1）使用配置项 acl 来定义需要控制的条件。

（2）通过配置项 http_access 来对已定义的列表进行“允许”或“拒绝”访问的控制。

（3）Squid 使用 allow-deny-allow-deny 的顺序套用规则，在进行规则匹配时，如果所有的访问列表没有进行相关规则的定义，而最后一条规则为 deny，则 Squid 默认的下一条处理规则为 allow，即采用与最后一条规则相反的权限，最后反而让被限制的网络或用户可以对服务或网络进行访问。所以在进行 ACL 限制时，为了避免出现找不到相匹配规则的情况，一般设置最后一条规则永远都为 http_access deny all，并且源 IP 地址为 0.0.0.0。

2. ACL 用法概述

（1）定义 ACL，格式如下：

```
acl 列表名称 列表类型 列表内容...
```

（2）常见的 ACL 列表类型如表 10-2 所示。

表 10-2　常见的 ACL 列表类型

列表类型	含　义
src	源 IP 地址
dst	目的 IP 地址
port	目标端口
dstdomain	目标域
time	访问时间
maxconn	最大并发连接数
url_regex	目标 URL 地址
urlpath_regex	整个目标 URL 路径（具体到某一页面）

3. ACL控制访问

（1）在定义好各类的访问控制列表后，需要使用配置项 http_access 进行控制，格式如下：

```
http_access allow/deny 列表名...
```

（2）在每一条 http_access 规则中，可以同时包含多个访问控制列表名，各个访问控制列表名之间使用空格隔开，相当于 and 的关系，表示必须满足所有访问控制列表对应的条件才会进行限制。

10.7 正向代理和反向代理的区别

虽然正向代理服务器和反向代理服务器所处的位置都是客户端和真实服务器之间，所做的事情也都是把客户端的请求转发给服务器，再把服务器的响应结果转发给客户端，但是二者之间还是有一定的差异的。

（1）正向代理其实是客户端的代理，帮助客户端访问其无法访问的服务器资源。反向代理则是服务器的代理，帮助服务器进行负载均衡、安全防护等。

（2）正向代理一般是客户端架设的，如在自己的设备上安装一个代理软件。而反向代理一般是服务器架设的，如在自己的设备集群中部署一个反向代理服务器。

（3）在正向代理中，服务器不知道真正的客户端到底是谁，认为本机响应的就是真实的客户端。而在反向代理中，客户端不知道真正的服务器是谁，认为本机访问的就是真实的后端服务器。

（4）正向代理和反向代理的作用和目的不同。正向代理主要是用来解决访问限制问题，而反向代理则是提供负载均衡、安全防护等作用。二者均能提高访问速度。

10.8 Squid服务常用配置文件及解析

Squid 服务的所有设定都包含在主配置文件/etc/squid/squid.conf 内，通过主配置文件的参数可以实现 Squid 代理服务器的绝大部分功能，如 ACL、正向代理、反向代理和透明代理等。

主配置文件/etc/squid/squid.conf 的部分输出如下：

```
#
# Recommended minimum configuration:
```

```
#

# Example rule allowing access from your local networks.
# Adapt to list your (internal) IP networks from where browsing
# should be allowed
acl localnet src 0.0.0.1-0.255.255.255 # RFC 1122 "this" network (LAN)
acl localnet src 10.0.0.0/8            # RFC 1918 local private network (LAN)
acl localnet src 100.64.0.0/10         # RFC 6598 shared address space (CGN)
acl localnet src 169.254.0.0/16        # RFC 3927 link-local (directly plugged) machines
acl localnet src 172.16.0.0/12         # RFC 1918 local private network (LAN)
acl localnet src 192.168.0.0/16        # RFC 1918 local private network (LAN)
acl localnet src fc00::/7              # RFC 4193 local private network range
acl localnet src fe80::/10             # RFC 4291 link-local (directly plugged) machines

acl SSL_ports port 443
acl Safe_ports port 80                 # http
acl Safe_ports port 21                 # ftp
acl Safe_ports port 443                # https
【...省略显示部分内容...】
http_access allow localnet
http_access allow localhost

# And finally deny all other access to this proxy
http_access deny all

# Squid normally listens to port 3128
http_port 3128

# Uncomment and adjust the following to add a disk cache directory.
#cache_dir ufs /var/spool/squid 100 16 256

# Leave coredumps in the first cache dir
coredump_dir /var/spool/squid

#
# Add any of your own refresh_pattern entries above these.
#
refresh_pattern ^ftp:           1440    20%     10080
refresh_pattern ^gopher:        1440    0%      1440
refresh_pattern -i (/cgi-bin/|\?) 0     0%      0
refresh_pattern .               0       20%     4320
```

主配置文件的常用参数及解析如表 10-3 所示。

表 10-3 主配置文件的常用参数及解析

参数	解析
acl all src 0.0.0.0/0.0.0.0	允许所有 IP 地址访问
acl manager proto http	manager url 协议为 HTTP 协议
acl localhost src 127.0.0.1/255.255.255.255	允许本机 IP 地址访问 Squid 代理服务器
acl to_localhost dst 127.0.0.1	允许目的 IP 地址为本机 IP 地址
acl Safe_ports port 80	允许安全更新的端口为 80 端口
acl CONNECT method CONNECT	请求方法以 CONNECT
acl OverConnLimit maxconn 16	限制每个 IP 地址最大允许 16 个连接
icp_access deny all	禁止从邻居服务器缓冲内发送和接收 ICP 请求
miss_access allow all	允许直接更新请求
ident_lookup_access deny all	禁止 lookup 检查 DNS
http_port 8080 transparent	指定 Squid 监听浏览器客户请求的端口号
fqdncache_size 1024	FQDN 高速缓存大小
maximum_object_size_in_memory 2 MB	允许最大的文件载入内存
memory_replacement_policy heap LFUDA	内存替换策略
max_open_disk_fds 0	设置 Squid 缓存最大打开文件数量，参数为 0 代表无限制
minimum_object_size 1 KB	设置 Squid 缓存允许最小文件的大小
maximum_object_size 20 MB	设置 Squid 缓存允许最大文件的大小
cache_swap_high 95	最多允许使用交换分区缓存的 95%
access_log /var/log/squid/access.log squid	定义日志存放记录的路径
cache_store_log none	禁止 store 日志
icp_port 0	指定 Squid 从邻居服务器缓冲内发送和接收 ICP 请求的端口号
coredump_dir /var/log/squid	定义 dump 的目录
ignore_unknown_nameservers on	开反 DNS 查询，当域名地址不相同时，禁止访问
always_direct allow all	当 cache 丢失或不存在时，允许所有请求直接转发到原始服务器

项目实施

任务 10-1 部署企业的正向代理服务器

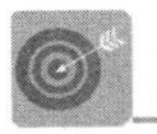

任务规划

Squid 正向代理服务能较好地保护和隐藏内网的 IP 地址，在本任务中需要在 Router 服务器上实现 Squid 正向代理服务。为此，Linux 运维工程师规划了如表 10-4 所示的内容。

表 10-4 Squid 正向代理服务的配置规划

设备名称	代理类型	监听端口	访问限制
Router	正向代理	3128	允许所有

本任务可分解为以下步骤。

（1）部署和配置 Squid 服务。

（2）启动 Squid 服务。

任务实施

1．部署和配置 Squid 服务

（1）在 Router 服务器上使用 yum 命令来安装 Squid 服务。配置命令如下：

```
[root@Router ~]# yum -y install squid
```

（2）在 Router 服务器上修改 Squid 服务的主配置文件。Squid 服务的主配置文件的名称为/etc/squid/squid.conf。在主配置文件中，需要修改所有 http_port 的端口为 3128，并配置 http_ access 允许的范围为 all。配置命令如下：

```
[root@Router ~]# vim /etc/squid/squid.conf
http_port 3128
http_access allow all
```

2．启动 Squid 服务

（1）在 Squid 服务的主配置文件修改完成后，需要启动 Squid 服务，并设置为开机自动启动。配置命令如下：

```
[root@Router ~]# systemctl restart squid
[root@Router ~]# systemctl enable squid
```

任务验证

（1）在 Router 服务器上，使用 systemctl 命令来查看 Squid 服务的状态，代码如下：

```
[root@Router ~]# systemctl status squid
 squid.service - Squid caching proxy
   Loaded: loaded (/usr/lib/systemd/system/squid.service; disabled; vendor preset: disabled)
   Active: active (running) since Fri 2020-08-07 12:05:16 EDT; 22s ago
     Docs: man:squid(8)
  Process: 41873 ExecStop=/usr/sbin/squid -k shutdown -f $SQUID_CONF (code=exited, status=0/SUCCESS)
  Process: 41774 ExecReload=/usr/sbin/squid $SQUID_OPTS -k reconfigure -f $SQUID_CONF (code=exited, status=0/SUCCESS)
  Process: 41881 ExecStart=/usr/sbin/squid $SQUID_OPTS -f $SQUID_CONF (code=exited, status=0/SUCCESS)
  Process: 41875 ExecStartPre=/usr/libexec/squid/cache_swap.sh (code=exited, status=0/SUCCESS)
 Main PID: 41882 (squid)
```

```
  Tasks: 3 (limit: 23858)
 Memory: 14.9M
 CGroup: /system.slice/squid.service
         ├─41882 /usr/sbin/squid -f /etc/squid/squid.conf
         ├─41886 (squid-1) --kid squid-1 -f /etc/squid/squid.conf
         └─41892 (logfile-daemon) /var/log/squid/access.log
Aug 07 12:05:01 Router.Jan16.cn systemd[1]: Starting Squid caching proxy...
Aug 07 12:05:16 Router.Jan16.cn systemd[1]: Started Squid caching proxy.
Aug 07 12:05:16 Router.Jan16.cn squid[41882]: Squid Parent: will start 1 kids
Aug 07 12:05:16 Router.Jan16.cn squid[41882]: Squid Parent: (squid-1) process 41886
started
```

（2）在内网 PC1 的浏览器上，配置 Squid 代理服务器的 IP 地址为 192.168.1.1，端口为 3128，如图 10-3 所示。

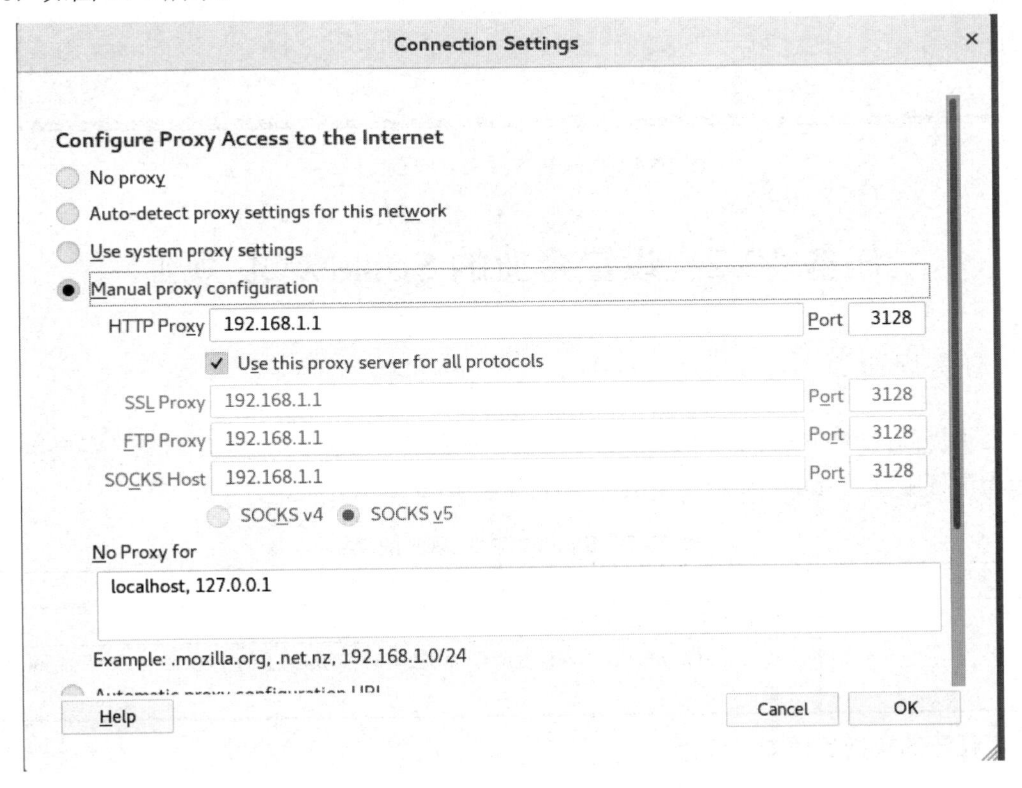

图 10-3 在浏览器上配置 Squid 代理服务器的 IP 地址和端口

（3）在内网 PC1 上配置完成后，使用浏览器访问百度网站应能成功，如图 10-4 所示。

图 10-4　内网 PC1 成功访问百度网站

任务 10-2　设置企业的 Squid ACL 规则

任务规划

为了提高内网的安全性，Linux 运维工程师规划使用 Squid 的 ACL 功能对客户端的网络行为进行限制。Squid 的 ACL 规则的规划如表 10-5 所示。

表 10-5　Squid 的 ACL 规则的规划

设备名称	限制规则
Router	禁止所有用户通过域名访问百度网站
	禁止在 192.168.2.0/24 网段内所有终端在星期一到星期五的 9:00 到 18:00 访问 Internet 资源

本任务的实施步骤如下所示。

（1）配置 Squid 服务。

（2）重启 Squid 服务。

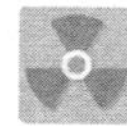

任务实施

1．配置 Squid 服务

在 Squid 服务的主配置文件内，按照规划内容写入 ACL 规则，在文件中，每条 ACL 规则对应一个 http_access 声明。配置命令如下：

```
[root@Router ~]# vim /etc/squid/squid.conf
acl badurl url_regex -i bai**.com
acl clientnet src 192.168.2.0/24
acl worktime time MTWHF 9:00-18:00
http_access deny badurl
http_access deny clientnet worktime
##一条 ACL 规则的默认语法格式为 acl [ACL_Name] [time] [day-abbrevs] [h1:m1-h2:m2]
##其中，day-abbrevs 可以为 M、T、W、H、F、A、S，代表星期一至星期日
```

2. 重启 Squid 服务

在 Router 服务器上再次重启 Squid 服务。配置命令如下：

```
[root@Router ~]# systemctl restart squid
```

任务验证

（1）在内网 PC2 的浏览器上，也配置 Squid 代理服务器的 IP 地址为 192.168.1.1，端口为 3128，如图 10-5 所示。

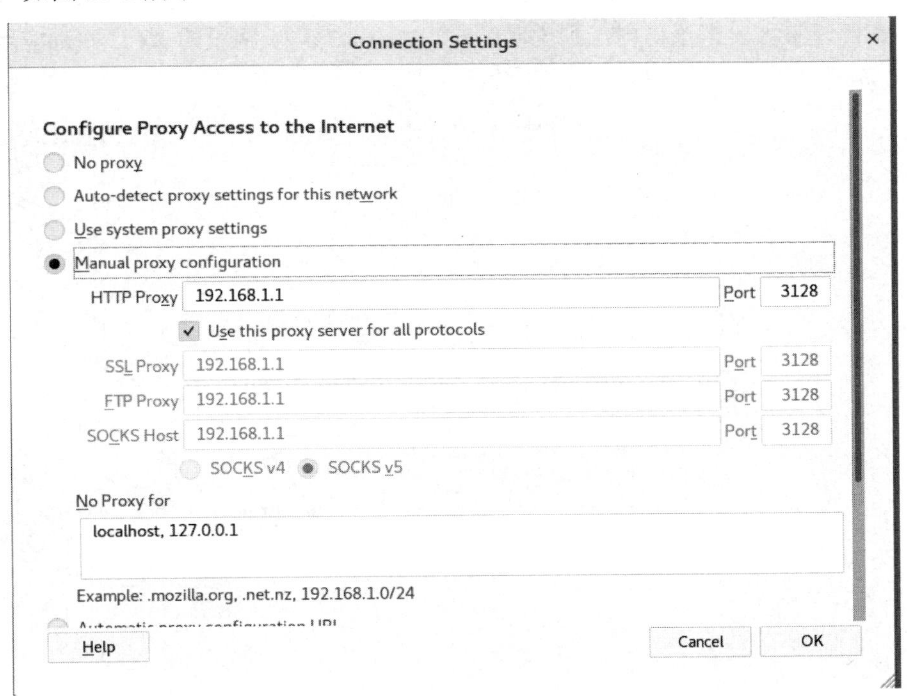

图 10-5　在浏览器上配置 Squid 代理服务器的 IP 地址和端口

（2）在内网 PC1 上尝试通过域名访问百度网站，如果禁止用户通过域名访问百度网站的 ACL 规则生效，则会提示 Squid 代理服务器拒绝连接，如图 10-6 所示。

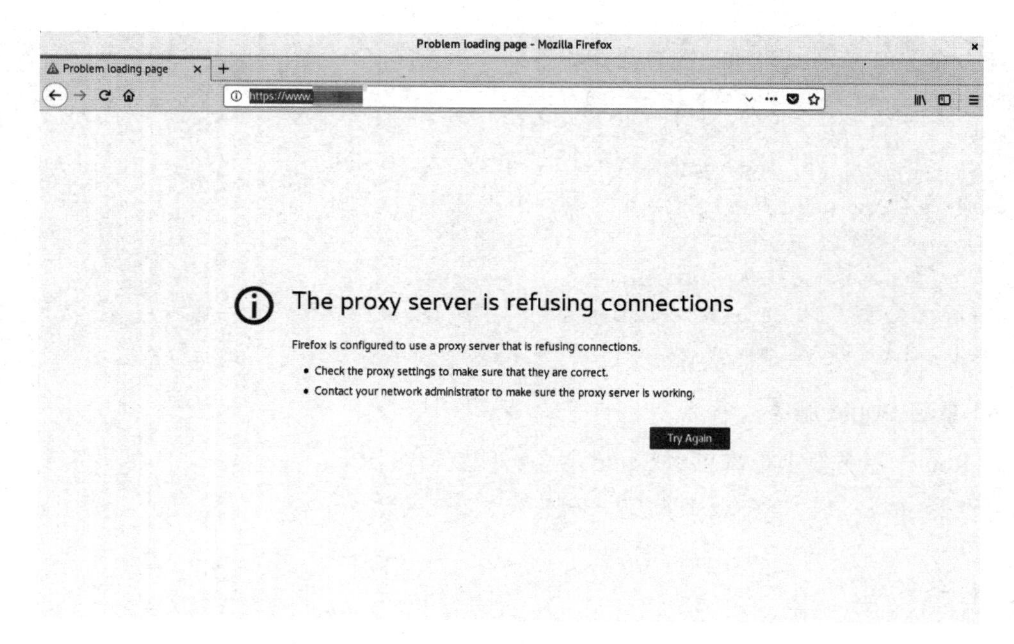

图 10-6　内网 PC1 无法访问百度网站

（3）在内网 PC2 上使用 Squid 代理服务器上网，在星期一至星期五均无法上网，如果提示 Squid 代理服务器拒绝访问，则说明针对 192.168.2.0/24 网段的 ACL 规则应用成功，如图 10-7 所示。

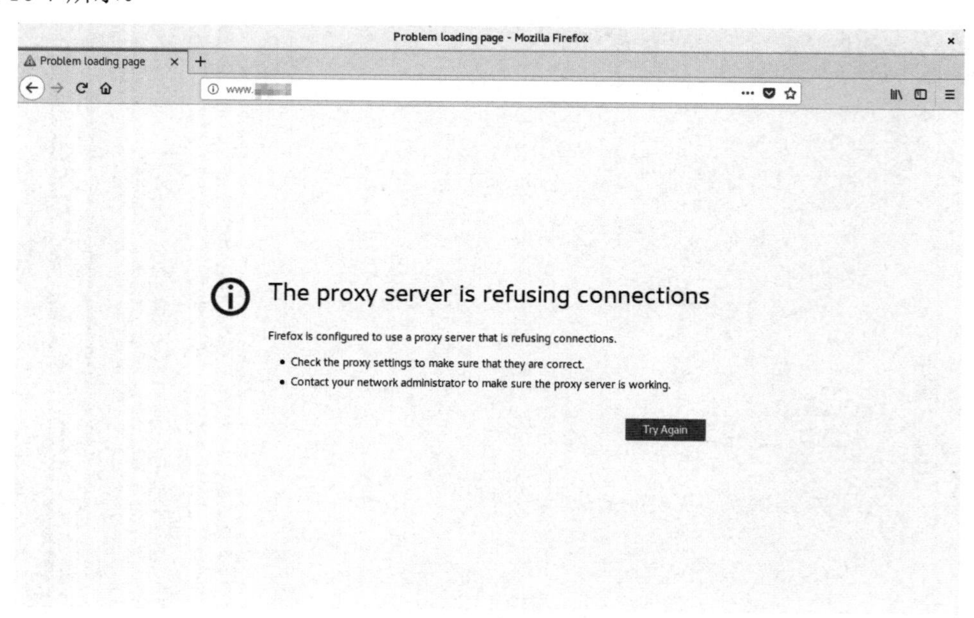

图 10-7　内网 PC2 无法在规定时间内访问外部网络

任务 10-3　部署企业的反向代理服务器

任务规划

Squid 服务的反向代理功能可以减轻内网 Web 服务器的负担，在本任务中需要部署企业的 Squid 反向代理服务，使客户端可以通过访问 Squid 代理服务器的 IP 地址即可浏览内网 Web 服务器提供的网站内容。Squid 反向代理服务的配置规划如表 10-6 所示。

表 10-6　Squid 反向代理服务的配置规划

设备名称	代理类型	监听端口	代理后端	代理响应方式
Router	反向代理	80	192.168.1.20/24	no-query

本任务可分解为以下步骤。

（1）配置 Squid 服务，实现反向代理。

（2）重启 Squid 服务，使反向代理的配置生效。

任务实施

1．配置 Squid 服务

修改 Squid 代理服务器的配置文件。配置命令如下：

```
[root@Router ~]# vim /etc/squid/squid.conf
http_port 80 vhost vport      #监听的端口
cache_peer 192.168.1.20 parent 80 0 no-query originserver
##在文件中，关键字的配置注释如下
##cache_peer：用于设置反向代理的后端 IP 地址
##parent：用于设置反向代理监听的端口
##no-query：用于设置反向代理的响应方式为不做查询操作，直接获取后端数据
##originserver：使此服务器作为源服务器进行解析
```

2．重启 Squid 服务

（1）检查配置文件是否出错，并重新加载配置。配置命令如下：

```
[root@Router ~]# squid -kcheck
[root@Router ~]# squid -krec
```

（2）重启 Squid 服务。配置命令如下：

```
[root@Router ~]# systemctl restart squid
```

任务验证

在内网 PC1 上配置 Squid 代理服务器完成后，重启浏览器，然后访问 http://192.168.1.1 页面，应能正常访问内网 Web 站点，如图 10-8 所示。

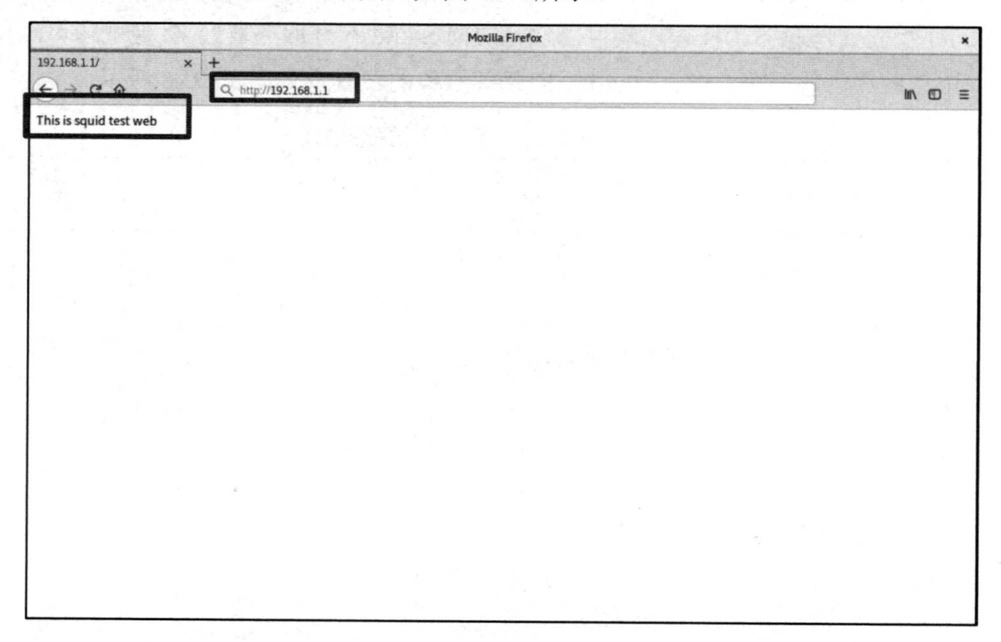

图 10-8　内网 PC1 成功访问内网 Web 站点

练习与实践

一、理论题

1．Squid 代理支持如下哪些协议？（　　）

A．Samba　　B．NFS　　C．NFS　　D．HTTPS

2．Linux 运维工程师在某服务器的配置文件中写入了如下的 Squid 服务配置项，配置项正确的是（　　）。

A．http_port 3128　　B．acl aaa src 192.168.11.0/24

C．acl bbb time MTWHFS 10:00-18:00　　D．http_access deny aaa bbb

3．下列说法正确的是（　　）。

A．客户端应使用的 Squid 代理服务器的端口为 80 端口

B．如果某客户端的 IP 地址为 192.168.1.1/24，则此客户端在星期日的 10:30 不可以上网

C．如果某客户端的 IP 地址为 192.168.1.1/24，则此客户端在星期日的 10:30 可以上网

D．在配置文件中，Linux 运维工程师应用了一条名为 deny 的 ACL 规则

4．当 Squid 代理服务器检查缓存后发现没有客户端请求的数据时，如下的工作流程排序正确的是（　　）。

a．Squid 代理服务器向 Internet 上的远端服务器发送数据请求。

c．远端服务器响应，返回相应的数据。

b．Squid 代理服务器取得远端服务器发送的数据，返回给客户端，并保留一份到自己的数据缓存中。

A．bac　　B．acb　　C．abc　　D．bca

5．Squid 的正向代理与反向代理的说法正确的是（　　）。

A．反向代理是一台位于客户端和后端服务器之间的服务器

B．对客户端而言，正向代理就像是后端服务器，不需要进行任何特别的设置

C．正向代理的作用是隐藏后端服务器，防止服务器被恶意攻击等

D．正向代理具有缓存作用和权限控制功能

二、项目实训题

1．项目描述与需求

Jan16 公司的网络拓扑如图 10-9 所示。在公司的网络拓扑中划分了 VLAN11 和 VLAN12 两个网段，网络地址分别为 172.20.0.0/24 和 172.21.0.0/24。公司规划在路由器上部署 Squid 服务来实现公司内网 PC 通过代理上网，同时能快速地访问内网 Web 服务器。

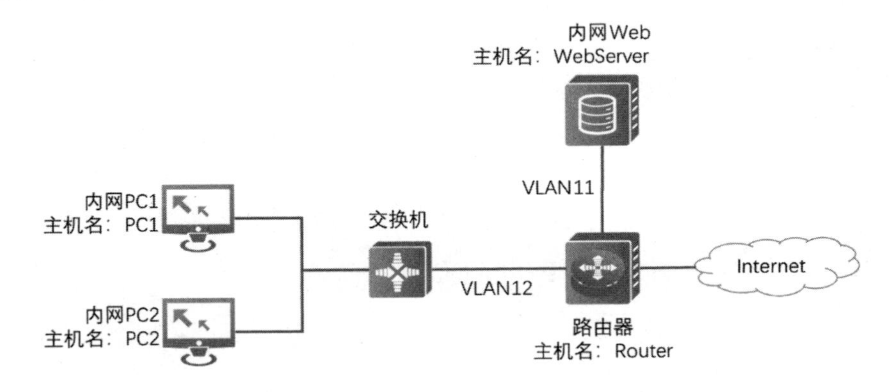

图 10-9　Jan16 公司的网络拓扑

2．项目要求

（4）根据公司的网络拓扑来分析网络需求，然后将相关规划信息填入表 10-7 中，并按照规划配置各计算机，实现全网互联。

表 10-7　IP 地址及端口规划表

设 备 名 称	计算机名称	IP 地址/子网掩码	端　　口	网　　关

（2）配置路由器设备，使用 Squid 正向代理的方式来实现内网 PC 能通过代理上网。正向代理监听的端口为 6555 端口。截取两台内网 PC 使用代理能访问外网中的必应网站的显示结果。

（3）配置内网 Web 服务器，将站点相关配置信息填入表 10-8 中，然后创建一个 Web 站点。截取在内网 PC1 上执行 time curl http://localhost 命令的显示结果。

表 10-8　Web 站点的配置信息

配 置 名 称	配 置 信 息
监听端口	
站点目录	
站点内容	

（4）配置路由器设备，使用 Squid 反向代理的方式来实现内网 PC 加速访问 Web 站点。在设置内网 PC2 时禁止通过 Squid 代理服务器来访问 Web 站点。分别截取在内网 PC1 上执行 time curl http://[Web 站点的 IP 地址]命令的显示结果和在内网 PC2 上通过浏览器来访问 Web 站点的显示结果。

项目 11　部署企业的邮件服务

学习目标

（1）掌握 POP3 和 SMTP 服务的概念与应用。

（2）掌握电子邮件系统的工作原理与应用。

（3）掌握 Postfix 邮件服务产品和 Dovecot 邮件服务产品的部署与应用。

（4）掌握企业网邮件服务的部署业务实施流程和职业素养。

项目描述

Jan16 公司员工早期都是使用个人邮箱与客户沟通，由于公司员工岗位变动，客户再通过原邮件地址同公司联系时，因原员工离职，往往造成沟通不畅，这将导致客户体验降低甚至流失客户。为此，公司期望部署企业邮件系统，统一邮件服务地址，实现岗位与企业邮件系统的对接，确保人事变动不影响客户与公司的邮件沟通。

公司邮件系统的部署可以通过以下两种方式来实现，具体要求如下所述。

在服务器上安装第三方邮件服务软件 Postfix 服务及 Dovecot 服务，实现邮件服务的部署。

在两种邮件服务部署完成后，公司要求决策部门通过体验两种邮件服务，综合对比，最终确定公司邮件服务产品的选型。公司邮件服务的网络拓扑如图 11-1 所示。

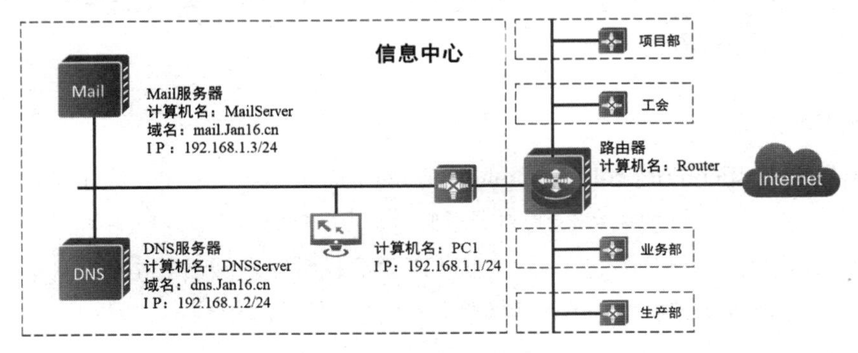

图 11-1　公司邮件服务的网络拓扑

项目分析

电子邮件服务需要在服务器上安装电子邮件服务的角色和功能，目前被广泛采用的电子邮件服务产品有 WinWebMail、Microsoft Exchange、Microsoft POP3 和 SMTP 等。

电子邮件需要使用域名进行通信，该服务需要 DNS 服务的支持。因此，Linux 运维工程师可以在 CentOS 8 服务器上安装 POP3 和 SMTP 的软件包，并在 DNS 服务器上注册邮件服务相关域名信息，即可搭建一个简单的邮件服务；也可以在 CentOS 8 服务器上安装第三方邮件服务软件（如 Postfix）来实现邮件服务的部署，并在 DNS 服务器上注册邮箱服务相关域名信息来搭建一个第三方邮件服务。

CentOS 8 服务器自带的邮件服务在使用功能、便捷性等方面相对于专业的电子邮件服务稍显不足，为此，绝大部分企业均部署了专门的电子邮件服务。

本项目根据该公司邮件服务的网络拓扑，通过以下两种方式来实现邮件服务的部署，工作任务如下所述。

（1）CentOS 8 电子邮件服务的安装与配置：在 CentOS 8 服务器上安装 Postfix 服务的角色和功能来实现邮件服务的部署。

（2）使用 Postfix 结合 mailx 和 Dovecot 服务来部署邮件服务。

相关知识

电子邮件服务是互联网重要的服务之一，几乎所有的互联网用户都有自己的邮件地址。电子邮件服务可以实现用户之间的交流与沟通，甚至实现身份验证、电子支付等，大部分 ISP（互联网服务提供商）均提供了免费的邮件服务功能。电子邮件服务基于 POP3 和 SMTP 协议工作。

11.1　POP3、SMTP 与 IMAP

1. POP3 协议

POP3（Post Office Protocol - Version 3，邮局协议版本 3）工作在应用层，主要用于支持使用邮件客户端远程管理服务器上的电子邮件。用户调用邮件客户端程序（如 Microsoft Outlook Express）连接到邮件服务器上，它会自动下载所有未阅读的电子邮件，并将邮件从邮件服务器端存储到本地计算机中，以便用户“离线”处理邮件。

2．SMTP 协议

SMTP（Simple Mail Transfer Protocol，简单邮件传送协议）工作在应用层，它基于 TCP 协议提供可靠的数据传输服务，把邮件消息从发件人的邮件服务器传送到收件人的邮件服务器。

电子邮件系统在发送邮件时是根据收件人的地址后缀来定位目标邮件服务器的，SMTP 服务器是基于 DNS 服务中的邮件交换（MX）记录来确定路由的，然后通过邮件传输代理程序将邮件传送到目的地。

3．IMAP 协议

IMAP（Interactive Mail Access Protocol，交互邮件访问协议）是应用层协议，IMAP 协议运行在 TCP/IP 协议之上，使用 143 端口，加密时使用 993 端口。它的主要作用是使邮件客户端通过该协议从邮件服务器上获取邮件信息、下载邮件等。用户可以不用把所有的邮件全部下载，可以通过客户端直接对服务器上的邮件进行操作。

4．POP3 协议和 SMTP 协议的区别与联系

POP3 协议允许电子邮件客户端下载服务器上的邮件，但是在客户端的操作（如移动邮件、标记已读等）不会反馈到服务器上。比如，通过客户端收取了邮箱中的 3 封邮件并移动到其他目录中，邮件服务器上的这些邮件是没有同时被移动的。

SMTP 协议控制如何传送电子邮件，是一组用于从源地址到目的地址传输邮件的规范，它帮助计算机在发送或中转电子邮件时找到下一个目的地，然后通过 Internet 将其发送到目的服务器。SMTP 服务器就是遵循 SMTP 协议的发送邮件服务器。

SMTP 服务实现了在服务器之间发送和接收电子邮件，而 POP3 服务实现了电子邮件从邮件服务器存储到用户的计算机中。

5．POP3 协议和 IMAP 协议的区别与联系

IMAP 协议和 POP3 协议是邮件访问十分普遍的 Internet 标准协议。现代的邮件客户端和服务器都对两者给予支持。与 POP3 协议类似，IMAP 协议也是提供面向用户的邮件收取服务，常用的版本是 IMAP4。

IMAP4 协议改进了 POP3 协议的不足，用户可以通过浏览邮件头来决定是否收取、删除和检索邮件的特定部分，还可以在服务器上创建或更改目录或邮箱。它除了支持 POP3 协议的脱机操作模式，还支持联机操作模式和断连接操作模式。它为用户提供了有选择的从邮件服务器接收邮件的功能、基于服务器的信息处理功能和共享邮箱功能。IMAP4 协议的脱机操作模式不同于 POP3 协议的脱机操作模式，它不会自动删除在邮件服务器上已取出的邮件，其联机模式和断连接模式也是将邮件服务器作为“远程文件服务器”进行访问，更加灵活方便。IMAP4 协议支持多个邮箱。

IMAP4 协议的这些特性非常适合在不同的计算机或终端之间操作邮件的用户（如可以在手机、PAD、PC 上的邮件代理程序中操作同一个邮箱），以及那些同时使用多个邮箱的用户。

11.2 电子邮件系统及其工作原理

1．电子邮件系统概述

电子邮件系统由 3 个组件组成：POP3 电子邮件客户端、SMTP 服务和 POP3 服务。电子邮件系统组件的描述如表 11-1 所示。

表 11-1 电子邮件系统组件的描述

组　件	描　述
POP3 电子邮件客户端	POP3 电子邮件客户端是用于读取、撰写和管理电子邮件的软件。 POP3 电子邮件客户端从邮件服务器检索电子邮件，并将其传送到用户的本地计算机中，然后由用户进行管理。例如，Microsoft Outlook Express 就是一种支持 POP3 协议的电子邮件客户端
SMTP 服务	SMTP 服务是使用 SMTP 协议将电子邮件从发件人路由到收件人的电子邮件传输系统。 POP3 服务使用 SMTP 服务作为电子邮件传输系统。用户在 POP3 电子邮件客户端撰写电子邮件。然后，当用户通过 Internet 或网络连接来连接到邮件服务器时，SMTP 服务将提取电子邮件，并通过 Internet 将其传送到收件人的邮件服务器中
POP3 服务	POP3 服务是使用 POP3 协议将电子邮件从邮件服务器下载到用户本地计算机中的电子邮件检索系统。 用户电子邮件客户端和电子邮件服务器之间的连接，是由 POP3 协议控制的

2．电子邮件系统的工作原理

下面以如图 11-2 所示的案例为背景，具体说明电子邮件系统的工作原理。

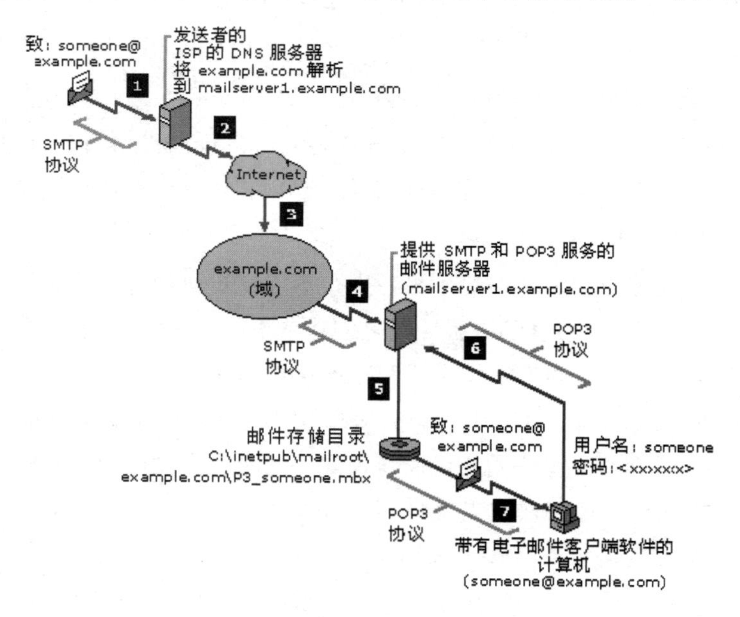

图 11-2 电子邮件系统案例

（1）用户通过电子邮件客户端将电子邮件发送到 someone@example.com。

（2）SMTP 服务提取该电子邮件，并通过域名 example.com 获知该域的邮件服务器域名为 mailserver1.example.com，然后将该邮件发送到 Internet，目标地址为 mailserver1.example.com。

（3）电子邮件发送给 mailserver1.example.com 邮件服务器，该服务器是运行 POP3 服务的邮件服务器。

（4）someone@example.com 的电子邮件由 mailserver1.example.com 邮件服务器接收。

（5）mailserver1.example.com 邮件服务器将邮件转到邮件存储目录，每个用户有一个专门的存储目录。

（6）用户 someone 连接到运行 POP3 服务的邮件服务器，POP3 服务会验证用户 someone 的用户名和密码身份验证凭据，然后决定接受或拒绝该连接。

（7）如果连接成功，则用户 someone 所有的电子邮件将从邮件服务器下载到该用户的本地计算机中。

11.3 Postfix

Postfix 是一个功能强大但易于配置的邮件服务器。Postfix 由 Postfix RPM 软件包提供。它是一个由多个合作程序组成的模块化程序，每个小模块完成特定的功能，使得 Linux 运维工程师可以灵活地组合这些模块。大多数的 Postfix 进程由一个进程统一进行管理，该进程负责在需要时调用其他进程，这个管理进程就是 master 进程。

1. Postfix 的邮件队列

Postfix 有 4 种不同的邮件队列，并且由队列管理进程统一进行管理。

（1）maildrop：本地邮件放置在 maildrop 中，同时被复制到 incoming 中。

（2）incoming：放置正在到达或队列管理进程尚未发现的邮件。

（3）active：放置队列管理进程已经打开了并正准备投递的邮件，该队列有长度的限制。

（4）deferred：放置不能被投递的邮件。

队列管理进程仅仅在内存中保留 active 队列，并且对该队列的长度进行限制，这样做的目的是避免进程运行内存超过系统的可用内存。

Postfix 对邮件风暴的处理：当有新的邮件到达时，Postfix 进行初始化，初始化时 Postfix 同时只接受两个并发的连接请求。在邮件投递成功后，可以同时接受的并发连接的数目就会缓慢地增长至一个可以配置的值。当然，如果这时系统的消耗已到达系统不能承受的负载，则该值就会停止增长。还有一种情况是，如果 Postfix 在处理邮件的过程中遇到了问题，则该值会开始降低。

当接收到的新邮件的数量超过 Postfix 的投递能力时，Postfix 会暂时停止投递 deferred 队列中的邮件而去处理新接收到的邮件。这是因为处理新邮件的延迟要小于处理 deferred 队列中的邮件的延迟。Postfix 会在空闲时处理 deferred 队列中的邮件。

Postfix 对无法投递的邮件的处理：当一封邮件第一次不能成功投递时，Postfix 会给该邮件贴上一个将来的时间邮票。邮件队列管理程序会忽略贴有将来时间邮票的邮件。当时间邮票到期时，Postfix 会尝试再对该邮件进行一次投递，如果这次投递再次失败，则 Postfix 就给该邮件贴上一个两倍于上次时间邮票的时间邮票，等时间邮票到期时再次进行投递，依此类推。当然，经过一定次数的尝试之后，Postfix 会放弃对该邮件的投递，返回一个错误信息给该邮件的发件人。

Postfix 对目的地不可到达的邮件的处理：Postfix 会在内存中保存一个有长度限制的当前不可到达的地址列表。这样就避免了对那些目的地为当前不可到达地址的邮件的投递尝试，从而大大提高了系统的性能。

2. Postfix 的安全性

Postfix 通过一系列的措施来提高系统的安全性，这些措施如下所述。

（1）动态分配内存，从而防止系统缓冲区溢出。

（2）把大邮件分割成几块进行处理，当投递时再重组。

（3）Postfix 的各种进程不在其他用户进程的控制之下运行，而是运行在驻留主进程 master 的控制之下，与其他用户进程无父子关系，所以有很好的绝缘性。

（4）Postfix 的队列文件有其特殊的格式，只能被 Postfix 本身识别。

11.4 Dovecot

Dovecot 是一个开源的 IMAP 和 POP3 邮件服务器，支持 Linux/UNIX 系统。

POP3/IMAP 协议是 MUA 在从邮件服务器中读取邮件时使用的协议。其中，POP3 协议是从邮件服务器中下载邮件，而 IMAP 协议则是将邮件留在服务器端直接对邮件进行管理和操作。

Dovecot 使用 PAM（Pluggable Authentication Modules，可插拔认证模块）方式进行身份认证，以便识别并验证系统用户，通过认证的用户才允许从邮箱中收取邮件。对于使用 RPM 方式安装的 Dovecot，其会自动建立该 PAM 文件。CentOS 8 系统自带了 Dovecot 软件，可以通过 yum 命令进行安装。

11.5 Postfix 服务常用配置文件及参数解析

Postfix 服务主要包括 4 个基本的配置文件：mail.cf 文件为 Postfix 服务主要的配置文件；install.cf 文件包含安装过程中安装程序产生的 Postfix 服务初始化设置；master.cf 文件是 Postfix 服务的 master 进程的配置文件，该文件中的每一行都是用来配置 Postfix 服务的组件进程的运行方式的；postfix-script 文件内包含了 Postfix 命令，以便在 Linux 环境中安全地执行这些 Postfix 命令。

配置文件/etc/postfix/main.cf 中配置的格式为使用=号连接参数和参数的值，如 myhostname=mail.Jan16.cn，文件在修改后，需要重新读取配置。main.cf 文件中的常见参数及解析如表 11-2 所示。

表 11-2 main.cf 文件中的常见参数及解析

参 数	解 析
myorigin	指定发件人所属的域名
mydestination	指定收件人所属的域名，默认使用本地主机名
notify_classes	指定向 Postfix 管理员报告错误时的信息级别，默认值为 resource 和 software。resource 表示将由资源错误而导致不可投递的错误信息发送给 Postfix 管理员。software 表示将由软件错误而导致不可投递的错误信息发送给 Postfix 管理员
myhostname	指定运行 Postfix 邮件系统的主机的主机名
mydomain	指定本机邮件服务器的域名
mynetworks	指定本机所在的网络的网络地址，Postfix 服务根据该值来区别用户是远程用户还是本地用户
inet_interfaces	指定 Postfix 服务监听的网络接口，默认监听所有端口
home_mailbox = Maildir/	指定用户邮箱目录
relay_domains	设置邮件转发的地址
data_directory = /var/lib/postfix	存放缓存的位置
queue_directory= /var/spool/postfix	本地邮箱队列路径

11.6 Dovecot 服务常用配置文件及参数解析

1. Dovecot 服务的主配置文件/etc/dovecot/dovecot.conf

主配置文件中的常用参数及解析如表 11-3 所示。

表 11-3　Dovecot 服务主配置文件中的常用参数及解析

参　数	解　析
listen	监听的网段或主机地址，*代表监听 IPv4 地址，::代表监听 IPv6 地址
protocols	支持的协议类型
base_dir	默认存储数据的目录位置
instance_name	实例的名称
login_greeting	用户登录提示的问候语
login_trusted_networks	允许的网络范围，不同网段之间使用逗号隔开
shutdown_clients	当 Dovecot 主进程关闭时，是否终止所有进程
!include conf.d/*.conf	conf.d 目录下以 conf 结尾的文件均有效

2. 认证配置文件/etc/dovecot/conf.d/10-auth.conf

认证配置文件中的常用参数及解析如表 11-4 所示。

表 11-4　认证配置文件中的常用参数及解析

参　数	解　析
disable_plaintext_auth	是否禁止明文传输，默认值为 yes 代表启用密文传输
auth_cache_size	身份验证缓存大小，默认值为 0 代表禁用该功能
auth_cache_ttl	验证缓存的存活时间，默认为 1 小时
auth_username_translation	验证的用户名称进行转义
auth_anonymous_username	设置用户匿名访问时的用户的名称，默认值为 anonymous
auth_worker_max_count	设置最大的工作连接数，默认值为 30
auth_mechanisms	默认的认证机制，默认值为仅使用 plain 机制

3. 邮箱配置文件/etc/dovecot/conf.d/10-mail.conf

邮箱配置文件中的常用参数及解析如表 11-5 所示。

表 11-5　邮箱配置文件中的常用参数及解析

参　数	解　析
mail_location	指定邮件存放的位置
inbox	是否只能拥有一个收件箱
first_valid_uid	首个有效的 UID
first_valid_gid	首个有效的 GID
mail_plugins	指定邮件服务的插件列表

4. master 组件配置文件/etc/dovecot/conf.d/10-master.conf

master 组件配置文件的格式如下：

```
配置项{
参数:值
参数:值
}
```

5．Dovecot 服务中的全局变量

Dovecot 服务中的全局变量的名称及描述如表 11-6 所示。

表 11-6　Dovecot 服务中的全局变量的名称及描述

变量名称	描　述
env:<名称>	环境变量<名称>
uid	当前进程的有效 UID，需要注意的是，对于邮件服务用户使用变量，当前配置会被覆盖
gid	当前进程的有效 GID，需要注意的是，对于邮件服务用户使用变量，当前配置会被覆盖
pid	当前进程的 PID（如登录或 imap/pop3 进程）
主机名	主机名（无域），可以使用环境变量 DOVECOT_HOSTNAME 覆盖

任务 11-1　部署及配置 Postfix 电子邮件服务

任务规划

根据公司电子邮件服务的网络拓扑规划，在公司邮件服务器上部署 CentOS 8 服务器的 Postfix 服务，实现邮件服务的部署。

使用 CentOS 8 服务器的 Postfix 服务来部署公司邮件服务，具体需要通过以下几个步骤来完成。

（1）在邮件服务器上安装 Postfix 服务。

（2）配置邮件服务器，并创建用户。

（3）修改域名解析。

任务实施

（1）设置本机的主机名为 mail.jan16.cn。配置命令如下：

```
[root@mail ~]# hostnamectl set-hostname mail.jan16.cn
[root@mail ~]# bash
[root@mail ~]# hostname
mail.jan16.cn
```

（2）修改/etc/hosts 文件，使用本地的方式解析域名。配置命令如下：

```
[root@mail ~]# vim /etc/hosts
127.0.0.1   localhost localhost.localdomain localhost4 localhost4.localdomain4
::1         localhost localhost.localdomain localhost6 localhost6.localdomain6
192.168.1.1 mail.Jan16.cn
```

（3）安装 Postfix 服务，使用 yum 命令对包进行下载和安装。同时使用 rpm 命令来验证系统上没有其他 MTA 服务在运行，如 sendmail。如果有其他 MTA 服务在运行，则需要卸载，否则会影响 Postfix 服务的正常运行。配置命令如下：

```
[root@mail ~]# rpm -qa | grep sendmail
[root@mail ~]# yum -y install postfix
```

（4）启动 Postfix 服务，并设置 Postfix 服务为开机自动启动，检查 Postfix 服务的状态。配置命令如下：

```
[root@mail ~]# systemctl start postfix
[root@mail ~]# systemctl enable postfix
[root@mail ~]# systemctl status postfix
● postfix.service - Postfix Mail Transport Agent
   Loaded: loaded (/usr/lib/systemd/system/postfix.service; enabled; vendor preset: disabled)
   Active: active (running) since Thu 2020-08-06 03:45:31 EDT; 13s ago
  Process: 23004 ExecStop=/usr/sbin/postfix stop (code=exited, status=0/SUCCESS)
  Process: 23024 ExecStart=/usr/sbin/postfix start (code=exited, status=0/SUCCESS)
  Process: 23022 ExecStartPre=/usr/libexec/postfix/chroot-update (code=exited, status=0/SUCCESS)
  Process: 23018 ExecStartPre=/usr/libexec/postfix/aliasesdb (code=exited, status=0/SUCCESS)
【...省略以下部分输出...】
...
```

（5）安装 mailx 服务，使用 yum 命令对包进行下载和安装。配置命令如下：

```
[root@mail ~]# yum -y install mailx
```

（6）修改 Postfix 服务的主配置文件 main.cf，修改对应的主机名和域名，监听任意端口和协议，允许的网段为 127.0.0.1/8 和 192.168.1.0/24。配置命令如下：

```
[root@mail ~]# vim /etc/postfix/main.cf
myhostname = mail.jan16.cn
mydomain = jan16.cn
myorigin = $mydomain
inet_interfaces = all
inet_protocols = all
#mydestination = $myhostname, localhost.$mydomain, localhost //在配置文件内注释该内容
mydestination = $myhostname, localhost.$mydomain, localhost, $mydomain
mynetworks = 192.168.1.0/24, 127.0.0.0/8
home_mailbox = Maildir/
```

（7）在完成配置后，重启 Postfix 服务。配置命令如下：

```
[root@mail ~]# systemctl restart postfix
```

（8）创建测试用户 postfixuser，设置用户密码为 1qaz@WSX。配置命令如下：

```
[root@mail ~]# useradd postfixuser
```

```
[root@mail ~]# echo "1qaz@WSX" | passwd --stdin postfixuser
```

任务验证

使用用户 root 发送邮件到测试用户 postfixuser，邮件内容为“this is test mail”。

（1）安装 telnet 服务，使用 yum 命令对包进行下载和安装，代码如下：

```
[root@mail ~]# yum -y install telnet
```

（2）telnet 到本地的 25 端口，输出的结果如下，表明与 Postfix 邮件服务器的连接正常。

```
[root@mail ~]# telnet localhost 25
Trying ::1...
Connected to localhost.
Escape character is '^]'.
220 mail.jan16.cn ESMTP Postfix
```

（3）输入 ehlo localhost 命令，ehlo 命令声明需要对自己进行身份验证。输出结果如下：

```
ehlo localhost
250-mail.jan16.cn
250-PIPELINING
250-SIZE 10240000
250-VRFY
250-ETRN
250-STARTTLS
250-ENHANCEDSTATUSCODES
250-8BITMIME
250-DSN
250 SMTPUTF8
```

（4）输入 mail from:<root>命令，该命令声明邮件来源 email 地址。输出结果如下：

```
mail from:<root>
250 2.1.0 Ok
```

（5）输入 rcpt to:<postfixuser>命令，该命令声明邮件目的 email 地址。输出结果如下：

```
rcpt to:<postfixuser>
250 2.1.5 Ok
```

（6）在完成第五步的操作后，输入 data 命令就会自动进入邮件内容的编写，邮件使用英文句点（.）表示邮件主体的结束。编写邮件的内容“This is test mail”。使用 quit 命令退出。代码如下：

```
data
354 End data with <CR><LF>.<CR><LF>
This is test mail
.
250 2.0.0 Ok: queued as C86F4EDEF8
quit
```

```
221 2.0.0 Bye
```

（7）在完成邮件的编写和发送后，查看日志文件，邮件服务器的日志位于/var/log/maillog文件中，代码如下：

```
[root@mail ~]# tail -f /var/log/maillog
Aug  6 03:45:30 FTP postfix/master[22568]: terminating on signal 15
Aug  6 03:45:31 FTP postfix/postfix-script[23089]: starting the Postfix mail system
Aug  6 03:45:31 FTP postfix/master[23091]: daemon started -- version 3.3.1, configuration /etc/postfix
Aug  6 04:32:45 FTP postfix/smtpd[23746]: connect from localhost[::1]
Aug  6 04:33:54 FTP postfix/smtpd[23746]: 63A8DEDEF7: client=localhost[::1]
Aug  6 04:34:05 FTP postfix/cleanup[23761]: 63A8DEDEF7: message-id=<20200806083354.63A8DEDEF7@mail.jan16.cn>
Aug  6 04:34:05 FTP postfix/qmgr[23093]: 63A8DEDEF7: from=<root@jan16.cn>, size=304, nrcpt=1 (queue active)
Aug  6 04:34:05 FTP postfix/local[23770]: 63A8DEDEF7: to=<postfixuser@jan16.cn>, orig_to=<postfixuser>, relay=local, delay=24, delays=24/0.01/0/0, dsn=2.0.0, status=sent (delivered to maildir) #邮件传输的源地址和目的地址
Aug  6 04:34:05 FTP postfix/qmgr[23093]: 63A8DEDEF7: removed
Aug  6 04:34:08 FTP postfix/smtpd[23746]: disconnect from localhost[::1] ehlo=1 mail=1 rcpt=1 data=1 quit=1 commands=5    #断开与邮件服务器的连接
```

（8）使用 cd 命令切换到测试用户 postfixuser 的主目录，Postfix 服务自动创建了/Maildir目录，使用 cat 命令即可查看邮件的内容，代码如下：

```
[root@mail ~]# cd /home/postfixuser/Maildir/new/
[root@mail new]# ll
total 4
-rw------- 1 postfixuser postfixuser 387 Aug  6 04:34 1596702845.Vfd02I10000baM207603.mail.jan16.cn
[root@mail new] # cat 1596702845.Vfd02I10000baM207603.mail.jan16.cn
Return-Path: <root@jan16.cn>
X-Original-To: postfixuser
Delivered-To: postfixuser@jan16.cn
Received: from localhost (localhost [IPv6:::1])
    by mail.jan16.cn (Postfix) with ESMTP id 63A8DEDEF7
    for <postfixuser>; Thu,  6 Aug 2020 04:33:41 -0400 (EDT)
Message-Id: <20200806083354.63A8DEDEF7@mail.jan16.cn>
Date: Thu,  6 Aug 2020 04:33:41 -0400 (EDT)
From: root@jan16.cn

this is test mail
```

任务 11-2 部署及配置 Dovecot 邮件服务

任务规划

根据公司电子邮件服务的网络拓扑规划，在公司邮件服务器上部署 Postfix+Dovecot 服务，以实现邮件服务的部署。

Dovecot 作为一个开源的 IMAP 和 POP3 邮件服务器，部署它需要通过以下几个步骤来完成。

（1）在邮件服务器上安装 Dovecot 服务。

（2）在邮件服务器上配置邮件服务，并创建用户。

（3）修改 Dovecot 服务的配置文件。

任务实施

（1）使用 yum 命令来安装 Dovecot 服务。配置命令如下：

```
[root@mail new]# yum -y install dovecot
```

（2）对 Dovecot 服务的配置文件进行修改。配置命令如下：

```
[root@mail ~]# vim /etc/dovecot/dovecot.conf
Listen = *
```

在上述内容中，listen = * 表示监听连接进来的 IP 地址。其中，*代表监听所有的 IPv4 地址，::代表监听所有的 IPv6 地址。

（3）修改 Dovecot 服务的认证方式。配置命令如下：

```
[root@mail ~]# vim /etc/dovecot/conf.d/10-auth.conf
disable_plaintest_auth = no         #允许明文密码验证，否则账户无法连接
auth_mechanisms = plain login       #自身认证
```

（4）修改邮件的存储路径。配置命令如下：

```
[root@mail ~]# vim /etc/dovecot/conf.d/10-mail.conf
mail_location = maildir:~/Maildir  #用户的邮件存放的位置，这里使用 Maildir 格式存储
```

（5）添加 Dovecot 的 SMTP 验证。配置命令如下：

```
[root@mail ~]# vim /etc/dovecot/conf.d/10-master.conf
  unix_listener /var/spool/postfix/private/auth {
    mode = 0666
    user = postfix
    group = postfix
  }
```

（6）配置文件修改完成后，重启 Dovecot 服务，并设置 Dovecot 服务为开机自动启动，查看 Dovecot 服务的状态。配置命令如下：

```
[root@mail ~]# systemctl start dovecot
[root@mail ~]# systemctl enable dovecot.service

[root@mail ~]# systemctl status dovecot
● dovecot.service - Dovecot IMAP/POP3 email server
  Loaded: loaded (/usr/lib/systemd/system/dovecot.service; enabled; vendor preset: disabled)
  Active: active (running) since Thu 2020-08-06 05:41:20 EDT; 17s ago
    Docs: man:dovecot(1)
          http://wiki2.dovecot.org/
【...省略以下部分输出...】
...
```

（7）查看 Dovecot 服务监听的端口。配置命令如下：

```
[root@mail ~]# ss -lntp | grep dovecot
tcp      0      0 0.0.0.0:993          0.0.0.0:*          LISTEN      26783/dovecot
tcp      0      0 0.0.0.0:995          0.0.0.0:*          LISTEN      26783/dovecot
tcp      0      0 0.0.0.0:110          0.0.0.0:*          LISTEN      26783/dovecot
tcp      0      0 0.0.0.0:143          0.0.0.0:*          LISTEN      26783/dovecot
```

任务验证

使用 telent 命令连接到 Dovecot 邮件服务器的 110 端口，输入 POP3 操作命令，以用户 postfixuser 的身份去查看邮件的内容，代码如下：

```
[root@mail ~]# telnet mail.jan16.cn 110      #域名
Trying 192.168.1.1...
Connected to mail.jan16.cn.
Escape character is '^]'.
+OK Dovecot ready.
user postfixuser                             #指定用户名称
+OK
pass 1qaz@WSX                                #指定密码
+OK Logged in.
List                                         #查看邮件列表
+OK 2 messages:
1 398
2 387
.
retr 1 #查看第一封邮件，下面为邮件的详细信息，包括邮件的源地址和目的地址，以及邮件的内容
+OK 398 octets
Return-Path: <root@jan16.cn>
X-Original-To: postfixuser
Delivered-To: postfixuser@jan16.cn
```

```
Received: from localhost (localhost [IPv6:::1])
    by mail.jan16.cn (Postfix) with ESMTP id 63A8DEDEF7
    for <postfixuser>; Thu,  6 Aug 2020 04:33:41 -0400 (EDT)
Message-Id: <20200806083354.63A8DEDEF7@mail.jan16.cn>
Date: Thu,  6 Aug 2020 04:33:41 -0400 (EDT)
From: root@jan16.cn

this is test mail
.
-ERR Disconnected for inactivity.
Connection closed by foreign host.
```

该邮件服务器已经具备了通信功能、POP3/IMAP 协议的收信功能，邮件服务器搭建完成。

练习与实践

一、理论习题

1．以下哪项不是电子邮件系统三个组件之一？（　　）。

A．POP3 电子邮件客户端　　B．POP3 服务

C．SMTP 服务　　D．FTP 服务

2．（　　）协议把邮件消息从发件人的邮件服务器传送到收件人的邮件服务器。

A．SMTP　　B．POP3

C．DNS　　D．FTP

3．SMTP 服务的端口号是（　　）。

A．20　　B．25

C．22　　D．21

4．POP3 服务的端口号是（　　）。

A．120　　B．25

C．110　　D．21

5．以下哪个是邮件服务器软件？（　　）

A．WinWebMail　　B．FTP

C．DNS　　D．DHCP

二、项目实训题

1．项目描述与需求

Jan16 公司为了在与客户沟通时统一使用公司的邮件地址，近期采购了一套邮件服务器

软件 WinWebMail，邮件服务器和配套的相关服务的网络拓扑如图 11-3 所示。

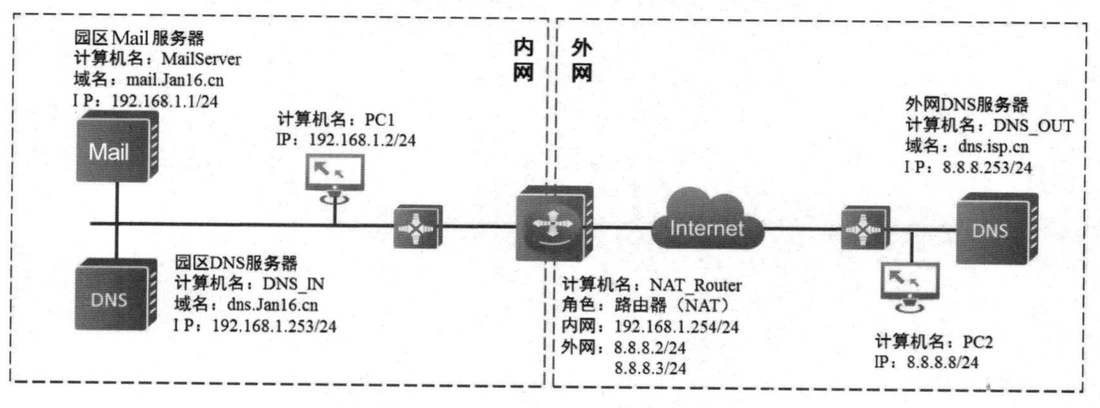

图 11-3　邮件服务器和配套的相关服务的网络拓扑

公司希望 Linux 运维工程师尽快完成公司邮件服务的部署，具体需求如下所述。

（1）邮件服务器使用 WinWebMail 软件部署，需要满足客户可以通过 Outlook Express 和浏览器进行访问。

（2）公司路由器需要将邮件服务器映射到外网，NAT 映射信息如表 11-7 所示。

表 11-7　NAT 映射信息

源 IP 地址:端口号	外网 IP 地址:端口号
192.168.1.1:25	8.8.8.2:25
192.168.1.1:110	8.8.8.2:110

（3）内网 DNS 服务器负责 Jan16 公司内计算机域名和外网域名的解析，Linux 运维工程师需要完成邮件服务器和 DNS 服务器域名的注册。

（4）外网 DNS 服务器负责外网域名的解析，在本项目中仅需要实现外网域名 dns.isp.cn 和 Jan16 公司邮件服务器域名的解析，Linux 运维工程师需要按照项目需求来完成相关域名的注册。

2．项目实施要求

（1）根据项目的网络拓扑，补充完成如表 11-8～表 11-12 所示的计算机的 TCP/IP 相关信息的规划。

表 11-8　园区 Mail 服务器的 IP 地址信息规划

园区 Mail 服务器的 IP 地址信息	
计算机名	
IP 地址/子网掩码	
网关	
DNS	

表 11-9　园区 DNS 服务器的 IP 地址信息规划

园区 DNS 服务器的 IP 地址信息	
计算机名	
IP 地址/子网掩码	
网关	
DNS	

表 11-10　内网 PC1 的 IP 地址信息规划

内网 PC1 的 IP 地址信息	
计算机名	
IP 地址/子网掩码	
网关	
DNS	

表 11-11　外网 DNS 服务器的 IP 地址信息规划

外网 DNS 服务器的 IP 地址信息	
计算机名	
IP 地址/子网掩码	
网关	
DNS	

表 11-12　外网 PC2 的 IP 地址信息规划

外网 PC2 的 IP 地址信息	
计算机名	
IP 地址/子网掩码	
网关	
DNS	

（2）根据项目的要求，完成计算机的连通性测试，并截取以下结果。

- 在 PC1 的终端页面中运行 ping dns.isp.cn 命令的结果。
- 在 PC1 的终端页面中运行 ping mail.jan16.cn 命令的结果。
- 在 PC2 的终端页面中运行 ping mail.jan16.cn 命令的结果。

（3）在邮件服务器上创建两个账户 jack 和 tom，并截取以下结果。

- 在 PC1 的 Firefox 浏览器中使用账户 jack 登录 Jan16 的邮件服务器地址，并发送一封邮件给 tom，邮件的主题和内容均为“班级+学号+姓名”，截取邮件发送成功后的页面截图。
- 在 PC2 上使用 ThunderBird 登录 tom 的邮箱账户，在收取邮件后，回复一封邮件给 jack，内容为“邮件服务测试成功”。

项目 12　部署 Linux 服务器防火墙

学习目标

（1）了解 Linux 服务器在网关/路由的应用场景。

（2）掌握数据流量过滤型防火墙的工作原理与配置。

（3）了解企业生产环境下部署 Linux 服务器防火墙的基本规范和职业素养。

项目描述

Jan16 公司最近上线了一台安装 Linux 系统的服务器，规划将这台服务器作为公司网络入口的路由器角色。路由器作为内网和外网的交汇点，容易遭受到外网甚至是内网的攻击，造成网络瘫痪、业务停摆等后果。因此，Jan16 公司规划在服务器上部署路由服务为内网与外网的联通提供基础，同时启用防火墙防护功能对内网与外网之间的数据流量进行过滤，按需开放访问，以提高公司网络的安全性。根据调研，目前公司网络的访问需求主要有如下几点。

（1）公司向运营商申请了 1 个外网 IP 地址为 202.96.128.201/28，公司内网可以通过路由器 NAT 转换为外网地址后访问外网。

（2）公司内网设置 DMZ 非军事化区用于管理公司对外业务的服务器（如 Web 服务器），内网可以访问 DMZ 区域。

（3）外网客户端仅允许访问 DMZ 区开放的端口，不能访问内网中的其他主机。

Jan16 公司的网络拓扑如图 12-1 所示。

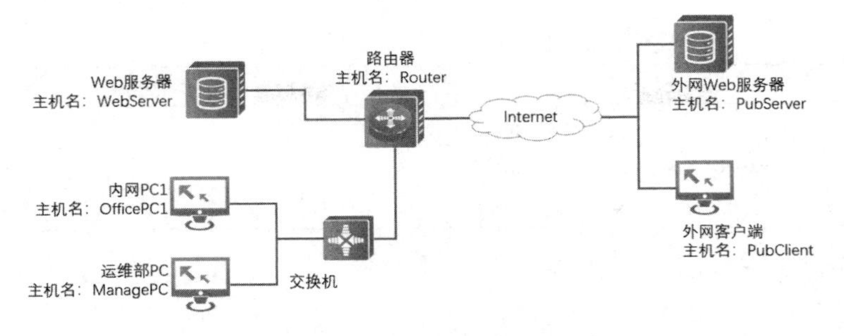

图 12-1　Jan16 公司的网络拓扑

项目分析

根据公司网络的访问需求和网络拓扑，Linux 运维工程师需要在 Router 服务器上配置防火墙规则，用于对内网与外网之间的数据流量进行过滤和控制数据流量的转发。具体需要实现如下几点。

（1）实现公司内网的正常联通。

（2）在 Router 服务器 ens33 接口的出方向实现内网流量进行 NAT 地址转换。

（3）在 Router 服务器 ens33 接口的入方向实现禁止外网服务器的访问。

（4）仅允许 IP 地址为 192.168.1.202/24 的运维部 PC 通过 SSH 访问 Router 服务器。

（5）在 Router 服务器上划分 DMZ 区域，并在该区域中设置放通 Web 服务器端口流量的防火墙规则。

（6）禁止内网客户端与 Web 服务器的 ICMP 通信。

为了项目顺利实施，Linux 运维工程师规划了设备配置信息表（见表 12-1）和服务器接口对应区域规划信息表（见表 12-2）中的内容。

表 12-1　设备配置信息表

设备名	角色	主机名	接口	IP 地址	网关地址
JX3270	路由器	Router	ens33	202.96.128.201/28	
			ens37	172.16.100.254/24	
			ens38	192.168.1.254/24	
JX3271	Web 服务器	WebServer	ens33	172.16.100.201/24	172.16.100.254
JX5361	内网 PC1	OfficePC1	ens33	192.168.1.201/24	192.168.1.254
JX5362	运维部 PC	ManagePC	ens33	192.168.1.202/24	192.168.1.254
PS3320	外网 Web 服务器	PubServer	ens33	202.96.128.202/28	
PC5360	外网客户端	PubClient	ens33	202.96.128.203/28	

表 12-2 服务器接口对应区域规划信息表

设 备 名	主 机 名	接 口	划 分 区 域	区 域 用 途
JX3270	Router	ens33	external	外部区域
		ens37	dmz	DMZ 区域
		ens38	trusted	受信区域

综上所述，在本项目中，主要有如下几点任务。

（1）配置 NAT 地址转换，实现公司内网与外网之间的联通。

（2）配置防火墙规则，实现对内网与外网之间的数据流量的访问控制。

相关知识

12.1 防火墙的类型

按照功能逻辑分类，防火墙可以分为主机防火墙和网络防护墙。

主机防火墙：针对本地主机接收或发送的数据包进行过滤。（操作对象为个体。）

网络防火墙：处于网络边缘，针对网络入口的数据包进行转发和过滤。（操作对象为整体。）

按照物理形式分类，防火墙可以分为硬件防火墙和软件防火墙。

硬件防火墙：专有的硬件防火墙设备，如华为硬件防火墙，功能强大，性能高，但是成本较高。

软件防火墙：通过系统软件来实现防火墙的功能，如 Linux 内核集成的数据包处理模块实现防火墙功能，定制自由度高，性能受服务器硬件和系统影响，部署成本低。

12.2 Netfilter

Netfilter 是 Linux 内核中的一个软件框架，用于管理网络数据包。它不仅具有网络地址转换（NAT）的功能，也具备数据包内容修改及数据包过滤等防火墙功能。利用运行于用户空间的应用软件（如 iptables、ebtables 和 arptables 等）来控制 Netfilter，Linux 运维工程师就可以管理通过 Linux 系统的各种网络数据包了。

12.3 iptables

这里指 iptables 及其家族（iptables、ip6tables、arptables、ebtables 和 ipset），即运行于用户空间用来操作 Netfilter 的应用软件。

12.4 Firewalld

Firewalld 位于前端，iptables 或 nftables 运行在后端；iptables 或 nftables 操作 Netfilter。老版本的 Firewalld 使用 iptables 作为后端，而新版本的 Firewalld 使用 nftables 作为后端。

当前 Firewalld 通过 nft 程序直接与 nftables 交互，在将来的发行版中，将通过使用新创建的 libnftable 进一步改善与 nftables 的交互。Firewalld 的工作流程框架如图 12-2 所示。

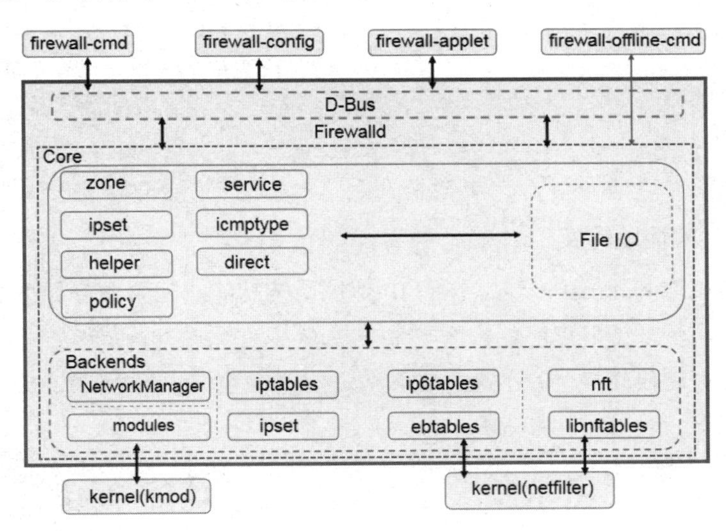

图 12-2　Firewalld 的工作流程框架

项目实施

任务 12-1　配置 NAT 地址转换

任务规划

根据规划，Linux 运维工程师需要在 Router 服务器上配置防火墙，利用 NAT 地址转换技术来实现内网客户端能正常上外网。本任务的步骤涉及如下内容。

（1）启用服务器上的防火墙服务。

（2）划分服务器接口到对应的防火墙区域。

（3）配置 NAT 地址转换。

（4）重载防火墙配置。

任务实施

1．启用服务器上的防火墙服务

由于服务器在初始化时已经将防火墙服务关闭，并且设置为默认不开机启动，因此，首先需要启用防火墙服务并设置为默认开机启动。配置命令如下：

```
[root@Router ~]# systemctl start firewalld
[root@Router ~]# systemctl enable firewalld
```

2．划分服务器接口到对应的防火墙区域

在默认情况下，服务器所有的网络接口都划分为 public 区域，因此根据规划，需要使用 firewall-cmd 命令将 Router 服务器的 3 个接口划分到防火墙的区域中。配置命令如下：

```
[root@Router ~]# firewall-cmd --change-interface=ens33 --zone=external --permanent
[root@Router ~]# firewall-cmd --change-interface=ens37 --zone=dmz --permanent
[root@Router ~]# firewall-cmd --change-interface=ens38 --zone=trusted --permanent
```

3．配置 NAT 地址转换

（1）关闭防火墙 external 区域默认的 IP 地址伪装功能。配置命令如下：

```
[root@Router ~]# firewall-cmd --zone=external --remove-masquerade
```

（2）设置防火墙仅转换 192.168.1.0/24 网段的多个 IP 地址共享单一的外网 IP 地址上网。配置命令如下：

```
[root@Router~]# firewall-cmd --zone=external --add-rich-rule='rule family=ipv4 source
address=192.168.1.0/24 masquerade' --permanent
```

4．重载防火墙配置

由于在配置时使用了选项--permanent，防火墙的配置不会立即生效，因此，在配置完成后应重新载入一次防火墙的配置。配置命令如下：

```
[root@Router ~]# firewall-cmd --reload
```

任务验证

（1）在内网 PC1 上通过 ping 命令来测试内网 PC1 与内网 Web 服务器之间的通信，结果应为可以正常 ping 通，代码如下：

```
[root@OfficePC1 ~]# ping  -c 3 172.16.100.201
PING 172.16.100.201 (172.16.100.201) 56(84) bytes of data.
64 bytes from 172.16.100.201: icmp_seq=1 ttl=63 time=0.777 ms
64 bytes from 172.16.100.201: icmp_seq=2 ttl=63 time=1.23 ms
64 bytes from 172.16.100.201: icmp_seq=3 ttl=63 time=1.45 ms

--- 172.16.100.201 ping statistics ---
3 packets transmitted, 3 received, 0% packet loss, time 18ms
rtt min/avg/max/mdev = 0.777/1.151/1.445/0.278 ms
```

（2）在内网 PC1 上使用 ping -c 3 202.96.128.201 命令来测试内网与外网之间的连接通信，结果应为可以正常 ping 通，代码如下：

```
[root@ OfficePC1 ~]# ping -c 3 202.96.128.202
PING 202.96.128.201 (202.96.128.201) 56(84) bytes of data.
64 bytes from 202.96.128.201: icmp_seq=1 ttl=64 time=0.298 ms
64 bytes from 202.96.128.201: icmp_seq=2 ttl=64 time=2.24 ms
64 bytes from 202.96.128.201: icmp_seq=3 ttl=64 time=0.478 ms

--- 202.96.128.201 ping statistics ---
3 packets transmitted, 3 received, 0% packet loss, time 36ms
rtt min/avg/max/mdev = 0.298/1.004/2.237/0.875 ms
```

任务 12-2　配置防火墙规则

任务规划

在配置完成 NAT 地址转换后，局域网内的客户端即可访问外网了。接下来，Linux 运维工程师需要根据局域网内的访问限制要求来配置防火墙规则。本任务需要完成如下几点。

（1）配置 external 区域规则，禁止从外网进行 Ping 通信和 SSH 远程登录。

（2）配置 dmz 区域规则，允许对 Web 服务进行访问，禁止 Ping 通信和其他所有访问请求。

（3）配置 trusted 区域规则，仅允许来自 192.168.1.202/24 的主机进行 SSH 远程登录。

任务实施

1．配置 external 区域规则

（1）通过 firewall-cmd 命令来设置防火墙禁止从外网进入的 Ping 通信流量。配置命令如下：

```
[root@Router ~]# firewall-cmd --zone=external --add-icmp-block=echo-request --permanent
```

（2）通过 firewall-cmd 命令来设置防火墙禁止从外网进入的 SSH 远程登录。配置命令如下：

```
[root@Router ~]# firewall-cmd --zone=external --remove-service=ssh --permanent
```

（3）通过 firewall-cmd 命令在 external 区域中添加端口转发规则，将从外网访问防火墙的 80 端口的请求转发到 172.16.100.201。配置命令如下：

```
[root@Router ~]# firewall-cmd --zone=external --add-forward-port=port=80:proto=tcp:toaddr=172.16.100.201
```

2. 配置 dmz 区域规则

（1）通过 firewall-cmd 命令来设置允许对 Web 服务进行访问。配置命令如下：

```
[root@Router ~]# firewall-cmd --zone=dmz --add-service=http --permanent
```

（2）通过 firewall-cmd 命令来设置 dmz 区域禁止 Ping 通信。配置命令如下：

```
[root@Router ~]# firewall-cmd --zone=dmz --add-icmp-block=echo-request --permanent
```

（3）通过 firewall-cmd 命令来设置 dmz 区域禁止其他访问请求。配置命令如下：

```
[root@Router ~]# firewall-cmd --zone=dmz --set-target=REJECT --permanent
```

3. 配置 trusted 区域规则

（1）通过 firewall-cmd 命令来设置 trusted 区域仅允许来自 192.168.1.202/24 的主机进行 SSH 远程登录。配置命令如下：

```
[root@Router ~]# firewall-cmd --zone=trusted --add-rich-rule="rule family="ipv4" source address="192.168.1.202/24" service name="ssh" accept " --permanent
```

（2）通过 firewall-cmd 命令来移除开放的 SSH 服务，表示禁止所有其他 SSH 远程登录访问。配置命令如下：

```
[root@Router ~]# firewall-cmd --zone=trusted --remove-service=ssh --permanent
```

任务验证

（1）在内网 PC1 上通过 curl 172.16.100.201 命令能成功访问 Web 服务器的 HTTP 服务，代码如下：

```
[root@OfficePC1 ~]# curl 172.16.100.201
The Internal Web Site
```

（2）在运维部 PC 上使用 ssh 192.168.1.254 命令可以远程登录访问 Router 服务器，而在内网其他客户端上无法进行 SSH 远程登录访问，代码如下：

```
[root@OfficePC1 ~]# ssh 192.168.1.254
ssh: connect to host 192.168.1.254 port 22: No route to host
[root@ManagePC ~]# ssh 192.168.1.254
```

```
root@192.168.1.254's password:
Last login: Sat Sep 19 03:39:48 2020 from 192.168.1.202
```

（3）在内网PC1上通过ping命令来测试内网PC1与内网Web服务器之间的通信，将显示无法Ping通，代码如下：

```
[root@OfficePC1 ~]# ping -c 3 172.16.100.201
PING 172.16.100.201 (172.16.100.201) 56(84) bytes of data.
From 172.16.100.201 icmp_seq=1 Packet filtered
From 172.16.100.201 icmp_seq=2 Packet filtered
From 172.16.100.201 icmp_seq=3 Packet filtered

--- 172.16.100.201 ping statistics ---
3   packets transmitted, 0 received, +3 errors, 100% packet loss, time 7ms
```

（4）外网客户端PubClient访问Router服务器的HTTP服务的请求被转发到Web服务器，代码如下：

```
[root@PubClient ~]# curl  202.96.128.201
The Internal Web Site
```

练习与实践

一、理论习题

（1）简述防火墙的分类及作用。

（2）阐述iptables与Firewalld的区别与联系。

（3）在CentOS 8系统中Firewalld默认有几种zone？各自的应用场景是什么？

（4）有哪些客户端工具可以配置防火墙规则？

（5）允许访问服务器的HTTP服务的防火墙规则有几种写法可以实现？

二、项目实训题

通过配置 Router01 和 Router02 上的防火墙规则，来实现在 PubClient 上能访问到 WebServer上的HTTP服务。Jan16公司的设备信息如表12-3所示，Jan16公司的网络拓扑如图12-3所示。

表12-3　Jan16公司的设备信息

设备名	主机名	网络地址	角色
JX3270	Router01	ens33 IP：202.96.128.201/28 ens37 IP：172.16.100.254/24	防火墙
JX3271	WebServer	ens33 IP：172.16.100.201/24 ens33 GATEWAY：172.16.100.254	内网Web服务器
JX3272	Router02	ens33 IP：202.96.128.202/28 ens37 IP：192.168.1.254/24	网关

续表

设 备 名	主 机 名	网 络 地 址	角　色
PC5360	PubClient	ens33 IP：192.168.1.201/24 ens33 GATEWAY：192.168.1.254	外网客户端

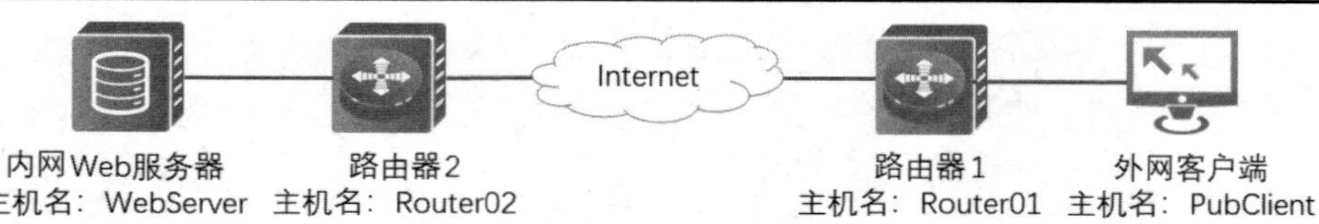

图 12-3　Jan16 公司的网络拓扑

具体要求如下所述。

（1）PubClient 能通过 NAT 地址转换方式访问到 WebServer，结果以截图显示。

（2）在 Router02 上使用防火墙技术将所有从外网访问自身 80 端口的流量转发至 WebServer，结果以截图显示。

（3）设置 WebServer 不能访问外网，结果以截图显示。